T/CAGHP 040—2018

目 次

前言 ··· Ⅲ
引言 ··· Ⅴ
1 范围 ··· 1
2 规范性引用文件 ·· 1
3 术语及定义 ·· 1
4 基本规定 ·· 3
   4.1 评估要求及工作内容 ··· 3
   4.2 评估工作程序 ·· 3
   4.3 评估范围确定 ·· 4
   4.4 评估级别 ··· 5
   4.5 地质灾害危险性等级划分 ·· 7
   4.6 不同评估级别技术要求 ·· 7
5 地质环境和地质灾害调查 ··· 8
   5.1 一般规定 ·· 8
   5.2 地质环境调查 ·· 8
   5.3 地质灾害调查 ·· 10
6 地质灾害危险性现状评估 ·· 12
   6.1 一般规定 ·· 12
   6.2 滑坡 ·· 12
   6.3 崩塌 ·· 13
   6.4 泥石流 ··· 13
   6.5 岩溶塌陷 ·· 15
   6.6 采空塌陷 ·· 16
   6.7 地裂缝 ··· 16
   6.8 地面沉降 ·· 17
7 地质灾害危险性预测评估 ·· 17
   7.1 一般规定 ·· 17
   7.2 工程建设中、建成后可能引发或加剧地质灾害危险性预测评估 ··························· 18
   7.3 水利水电建设工程自身可能遭受地质灾害危险性预测评估 ································ 22
8 地质灾害危险性综合评估及建设用地适宜性评价 ··· 26
   8.1 一般规定 ·· 26
   8.2 综合评估方法 ·· 26
   8.3 综合分区评估 ·· 26
   8.4 建设用地适宜性评价 ··· 27
   8.5 防治措施选择原则 ·· 27

9 成果提交 ··· 28
　9.1 一般规定 ·· 28
　9.2 地质灾害危险性评估报告 ··· 28
　9.3 地质灾害危险性评估成果图件基本要求 ··· 28
附录 A（规范性附录） 水利水电工程边坡分级和稳定安全系数标准 ························· 30
附录 B（资料性附录） 水库滑坡的滑速计算和涌浪预测分析方法 ······························ 35
附录 C（资料性附录） 坝下游泄洪雾化影响范围的确定 ··· 36
附录 D（资料性附录） 水库塌岸预测方法 ·· 38

前　言

本规程按照 GB/T 1.1—2009《标准化工作导则　第 1 部分：标准的结构和编写》给出的规则起草。

本规程由中国地质灾害防治工程行业协会提出并归口。

本规程主要起草单位：中国电建集团西北勘测设计研究院有限公司、中国地质环境监测院（应急中心）、陕西省水利电力勘测设计研究院、中国科学院·水利部成都山地灾害与环境研究所、北京市水利规划设计研究院。

本规程主要起草人：赵志祥、李友成、杨贤、王有林、陈红旗、邢丁家、付恩怀、孟晖、钟建平、赵纪飞、游勇、赵万玉、程凌鹏、张新寿。

本规程由中国地质灾害防治工程行业协会负责解释。

引 言

为落实《地质灾害防治条例》〔国务院令第 394 号〕,规范水利水电工程地质灾害危险性评估工作,统一评估报告编制的原则、程序、格式、内容及要求,保证评估成果精度、质量,制定本规程。

本规程对水利水电工程建设用地地质灾害危险性评估方法进行了规定,并对评估报告的编制内容提出了要求。

本规程规定的地质灾害危险性评估成果不替代水利水电工程勘测各阶段的工程地质勘察和评价工作。

水利水电工程地质灾害危险性评估规程(试行)

1 范围

本规程规定了水利水电工程地质灾害危险性评估工作的内容、方法、要求和程序等。

本规程适用于水利水电工程评估范围内的崩塌、滑坡、泥石流、地面塌陷、地面沉降、地裂缝以及工程建设和运行时诱发的水库塌岸、滑坡涌浪、泄洪雾化等已有或次生地质灾害危险性评估工作。

2 规范性引用文件

下列文件对于本规程的应用是必不可少的。凡是不注日期的引用文件,其最新版本适用于本规程。

  GB 18306 中国地震动参数区划图
  GB 50021 岩土工程勘察规范
  GB 50287 水力发电工程地质勘察规范
  GB 50330 建筑边坡工程技术规范
  GB 50487 水利水电工程地质勘察规范
  GB/T 32864 滑坡防治工程勘查规范
  DZ/T 0220 泥石流灾害防治工程勘查规范
  DZ/T 0286 地质灾害危险性评估规范
  DZ/T 2000 地质灾害分类分级标准
  DL/T 5336 水电水利工程水库区工程地质勘察技术规定
  DL/T 5337 水电水利工程边坡工程地质勘察技术规程
  DL/T 5338 水电水利工程喀斯特工程地质勘察技术规程
  DL/T 5353 水电水利工程边坡设计规范
  DL/T 5414 水电水利工程坝址区工程地质勘察技术规程
  SL 188 堤防工程地质勘察规程
  SL 386 水利水电工程边坡设计规范
  SL 629 引调水线路工程地质勘察规范
  SL 652 水库枢纽工程地质勘察规范
  SL 704 水闸与泵站工程地质勘察规范

3 术语及定义

下列术语和定义适用于本规程。

3.1
建设用地 land for construction
指拟实施水利水电工程建设项目的用地。

注：水利水电工程主要包括水力发电工程、水库工程、抽水蓄能工程、引调水工程、城镇供水工程、防洪排涝工程、灌区工程、河道整治工程、堤防工程等；附属工程主要包括施工营地和加工厂区、料场开采区、混凝土拌合系统区、堆碴区、移民新址工程、场区交通、改扩建公路以及库内复建工程等项目。

3.2
地质灾害危险性评估 risk assessment for geological hazards
指在查明水利水电工程建设用地各种致灾地质作用的性质、规模和承灾对象的基础上，对已经发生的或预测可能发生的地质灾害和造成人员伤亡、经济损失、生态环境损失进行客观评价，开展现状评估、预测评估、综合评估，评价建设用地适宜性及提出地质灾害防治措施建议等为主要内容的技术工作。

3.3
评估区 assessment area
指水利水电工程建设用地开展地质灾害危险性评估的区域。

3.4
地质灾害隐患 hidden danger of geological hazards
指可能危害水工建筑物、人类生命或财产安全，破坏生态环境的潜在崩塌、滑坡、泥石流、地面塌陷、地裂缝和地面沉降等灾害风险；或地质灾害类型已存在但目前尚不稳定可能重新被激活的崩塌、滑坡、泥石流、地面塌陷、地裂缝、地面沉降等地质灾害风险。

3.5
爆破振动 blasting vibration
由工程爆破开挖而引起介质特定质点沿其平衡位置作直线的或曲线的往复运动过程。

3.6
滑坡涌浪 landslide surge
库岸坡滑坡体滑入水库引起水面剧烈波动的现象或过程。

3.7
泄洪雾化 atomization by flood discharge
泄水建筑物泄水时，高速水流水舌在空中掺气扩散、水舌碰撞、破碎以及水舌入水时溅水所形成的一个复杂的水-气两相流物理现象，是一种非自然降雨过程与水雾弥漫现象。

3.8
水库塌岸 reservoir bank caving
水库蓄水后或蓄水过程中，受水位变化及风浪作用的影响，引起岸坡岩土体稳定性发生变化，导致岸坡遭受坍塌破坏的现象。

3.9
库岸稳定 stability of reservoir bank
水库蓄水过程和运行阶段，库区水文条件急剧变化，改变库岸岸坡自然平衡条件，岩土体稳定性状发生变化而产生滑坡、崩塌以及塌岸等现象。

3.10

地质灾害危险性分区 hazard zoning of geological hazards

根据地质条件复杂程度及地质灾害危险性程度的差异性,把研究区划分成若干个地质灾害活动条件和危险程度相近单元的评价方法。

3.11

水利水电工程建设用地适宜性 suitability of construction land for water resources and hydropower projects

指拟建水利水电工程项目从地质灾害危险性和防治难易程度的角度评价建设用地的适宜程度,可分为适宜、基本适宜、适宜性差三个级别。

4 基本规定

4.1 评估要求及工作内容

4.1.1 应在可行性研究阶段开展地质灾害危险性评估。

4.1.2 评估工作应包括以下内容:
   a) 调查评估区的地质环境条件。
   b) 调查地质灾害类型及分布特征,分析工程建设施工和运营期地质环境条件的变化。
   c) 进行现状评估、预测评估和综合评估。
   d) 确定建设场地适宜性。
   e) 提出地质灾害防治措施与建议。

4.1.3 应加强对评估区复合型地质灾害或地质灾害链的认识、调查和评估。

4.1.4 评估方法应以定性、半定量为主,定量为辅。

4.1.5 地质灾害危险性评估范围应包括可能影响水利水电工程建设或施工安全的地质灾害发育及活动区域、受工程运营影响可能产生次生地质灾害的区域。水利水电工程边坡分级和稳定安全系数标准应按本规程附录A确定。

4.1.6 评估工作结束后,评估区地质环境条件发生重大变化或水利水电工程布置格局范围、内容做出较大调整时,应进行重新评估。

4.1.7 地质环境条件中进行论述但不作为地质灾害危险性评估的内容包括:
   a) 区域构造稳定性、水库诱发地震、高坝地基稳定性、地震砂土液化。
   b) 隧道成洞条件和洞室稳定性、地下开挖过程中各种灾害(岩爆、突水、瓦斯突出)。
   c) 水库浸没和内涝、水库渗漏、水库蓄水后水质和水位的变化等各种灾害类型和工程地质问题。

4.2 评估工作程序

4.2.1 评估工作程序应按任务接受、工作布置及作业准备、外业调查、内业资料分析与整理、专家评审、提交评估报告、资料归档等程序开展工作。

4.2.2 评估前应了解水利水电工程建设项目设计方案,收集工程区规划、可行性研究等不同阶段工程地质、水文地质资料。

4.2.3 应收集建设用地及外围的地质灾害调查、勘察资料,遥感影像、环境地质、采矿和气象水文等资料,分析可利用程度。

4.2.4 应明确评估任务、范围、内容和重点,开展地质环境和地质灾害调查;确定评估区范围与级别;编制评估工作大纲或设计书。

4.2.5 应对评估区进行现场地质调查,重点查清评估范围内地质环境条件和地质灾害类型、数量和发育特点。当资料不能满足评估深度要求时,可开展适量的地质测绘、钻探、物探、坑槽探及试验等工作。

4.2.6 根据调查结果,应对评估区内地质灾害危险性进行现状评估、预测评估和综合评估,做出建设用地适宜性分区分级评估结论,提出相应的防治措施建议,编制项目建设用地地质灾害危险性评估报告。

4.3 评估范围确定

4.3.1 评估范围的确定应符合下列规定:
   a) 水库影响区应根据正常蓄水位和库周工程地质、水文地质条件及水库蓄水过程和运行后的水位消落变化,确定滑坡、崩塌、塌岸及其他地质灾害类型的评估范围。
   b) 坝后泄洪雾化影响区应根据泄洪水头高度、雾化浓度及降雨强度确定雨雾爬升高度和最大纵向长度,确定评估范围。
   c) 对评估区已有或规划的村镇居民点、建(构)筑物、公路桥梁、农田、林地、专项设施等,按其点、线、面分布形状和地质灾害发育程度,确定评估范围。
   d) 重要的引调水线路工程、防洪排涝工程、灌溉工程、河道整治工程、堤防工程等,评估范围一般向线路两侧扩展 200 m～1 000 m 为宜。
   e) 对评估区危及或影响水工建筑物安全的高位、远程地质灾害体,可根据灾害类型和工程特点扩展到地质灾害影响边界以外。

4.3.2 现状评估范围的确定应符合下列规定:
   a) 滑坡、崩塌评估范围应包括其后缘和影响范围,或以第一斜坡带为限。对于高速、远程滑坡等涌浪型地质灾害,根据首浪高度、多冲程影响范围等,高度应上扩 100 m,水平长度扩大 500 m。
   b) 水库塌岸评估范围应根据塌岸范围、危害对象重要性和致灾后可能造成的损失大小的差异分段划分,每段长度不宜大于 1 000 m,宽度应扩大到塌岸预测边线以外 200 m 或至基覆界面。
   c) 沟道型泥石流评估范围应以完整的沟道流域边界为限,坡面型泥石流为整个易流动坡面及外延 500 m 的范围。
   d) 采空塌陷调查范围垂向上应包括场地下伏矿体赋存或采出区域底板以上,水平方向不小于地表边界以外 2 000 m。
   e) 岩溶塌陷调查范围垂直方向应大于岩溶发育带底界深度或岩溶水近年来最低动态水位以下 50 m 范围内,水平范围不小于场地边界以外 1 500 m。
   f) 地面塌陷和地面沉降评估范围应包括影响范围和可能波及范围,并扩大 1 000 m～2 000 m。
   g) 地裂缝应与初步推测可能延展、影响范围一致,为建设用地及周边可能波及场地产生地裂缝区域范围之和,并外扩 200 m。

4.3.3 预测评估范围的确定应符合下列规定:
   a) 预测评估的范围应包括或大于现状评估范围。
   b) 工程建设开挖、削坡形成高陡边坡或由于爆破、机械振动等引发滑坡或崩塌,评估范围应外延 200 m。
c) 工程弃碴或堆碴场区等诱发泥石流灾害的评估范围应自堆碴区外延 500 m。
d) 因加载、抽排水等引发或加剧地面塌陷或地面沉降的范围，应自影响和可能波及的区域扩大 1 000 m～2 000 m。

4.4 评估级别

4.4.1 地质灾害危险性评估级别应根据地质环境条件复杂程度与水利水电工程建设项目重要性，按表1分为一级、二级和三级。

表 1 地质灾害危险性评估级别划分表

建设项目重要性	地质环境条件复杂程度		
	复杂	中等	简单
重要	一级	一级	二级
较重要	一级	二级	三级
一般	二级	三级	三级

4.4.2 依据水利水电工程建设项目的类别、投资、对经济及环境影响程度，将建设项目重要性划分为重要、较重要和一般建设项目。建设项目重要性分类应按表2确定。

表 2 水利水电工程建设项目重要性分类表

重要性	项目类别	枢纽建筑物级别
重要	大型办公区和营地，移民安置区和村镇规划区，大型水利水电工程，长大引水线路，大型电力工程，大型集中供水水源地、水处理厂、城市输水管道，重要城镇及工矿企业防洪保护区	Ⅰ级水工建筑物关键部位，包括当地材料坝、混凝土坝体及基坑、电站进水口、厂房及开关站、泄洪洞进口；业主营地、施工营地等人员密集居住区
较重要	三级（含）以下公路，中型水利工程、电力工程、中型供水水源地和水处理厂、中等城镇及工矿企业防洪保护区	Ⅱ、Ⅲ级水工建筑物关键部位包括当地材料坝、混凝土坝体及基坑、电站进水口、厂房及开关站、泄洪洞进口；Ⅰ级水工建筑物非关键部位，包括尾水洞出口、泄洪洞出口等部位
一般	小型水利工程、电力工程、小型集中供水水源地、分散性移民安置区、一般的城镇及工矿企业防洪保护区	临时性水工建筑物包括围堰、导流洞以及导流明渠、临时挡墙等，Ⅱ、Ⅲ级水工建筑物非关键部位包括尾水洞出口、泄洪洞出口等部位

注1：对仅影响施工期安全的危岩体，其危害对象可直接划为三级，危害对象为人员密集居住区的除外。
注2：项目指标中，按就高原则执行。

4.4.3 水利水电工程的项目类型应根据工程规模、效益等技术指标划分重要性，并按表3确定。

表3 水利水电工程重要性划分表

项目类型	工程等别	工程规模	电站装机规模/×10⁴ kW	水库库容/×10⁸ m³	大坝坝高/m	防洪保护农田/×10⁴ 亩	治涝面积/×10⁴ 亩	灌溉面积/×10⁴ 亩	水闸过闸流量/m³·s⁻¹	泵站装机流量/m³·s⁻¹
重要	一	大(1)型	≥30	≥1	≥100	≥500	≥200	≥150	≥5 000	≥200
	二	大(2)型				500～100	200～60	150～50	5 000～1 000	200～50
较重要	三	中型	5～30	1～0.1	50～100	100～30	60～15	50～5	1 000～100	50～10
一般	四	小(1)型	≤5	≤0.1	≤50	30～5	15～3	5～0.5	100～20	10～2
	五	小(2)型				<5	<3	<0.5	<20	<2

注：1 亩＝666.67 m²。

4.4.4 依据区域地质背景、地形地貌、地质构造、地层岩性和岩土体特性、水文地质条件、地质灾害发育现状及人类工程活动等因素，评估区地质环境条件复杂程度应按表4划分为复杂、中等、简单三个类别。

表4 评估区地质环境条件复杂程度分类表

复杂程度	类别		
	复杂	中等	简单
区域地质背景	区域地质构造条件复杂，建设场地有全新世活动断裂，地震动峰值加速度大于0.20 g	区域地质构造条件较复杂，建设场地附近有全新世活动断裂，地震动峰值加速度0.10 g～0.20 g	区域地质构造条件简单，建设场地附近无全新世活动断裂，地震动峰值加速度小于0.10 g
地形地貌	地形复杂，相对高差大于200 m，地面坡度以大于35°为主，地貌类型多样	地形较简单，相对高差50 m～200 m，地面坡度以15°～35°的为主，地貌类型较单一	地形简单，相对高差小于50 m，地面坡度小于15°，地貌类型单一
地层岩性和岩土工程地质性质	岩性岩相复杂多样，岩土体结构复杂，工程地质性质差	岩性岩相变化较大，岩土体结构较复杂，工程地质性质较差	岩性岩相变化小，岩土体结构较简单，工程地质性质良好
地质构造	地质构造复杂，褶皱断裂发育，岩体破碎	地质构造较复杂，有褶皱、断裂分布，岩体较破碎	地质构造较简单，无褶皱、断裂，裂隙发育
水文地质条件	具多层含水层，水位年际变化大于20 m，水文地质条件不良	有2～3个含水层，水位年际变化5 m～20 m，水文地质条件较差	单层含水层，水位年际变化小于5 m，水文地质条件良好
地质灾害及不良地质现象	发育强烈，危害大	发育中等，危害中等	发育弱或不发育，危害小
人类活动对地质环境的影响	人类活动强烈，对地质环境的影响、破坏严重	人类活动较强烈，对地质环境的影响、破坏较严重	人类活动一般，对地质环境的影响、破坏小

注：每类条件中，地质环境条件复杂程度按就高原则，有一条符合条件者即为复杂类型。

4.5 地质灾害危险性等级划分

4.5.1 地质灾害危害程度应根据灾情或险情等导致因灾死亡人数、受威胁人数及直接或可能的经济损失等方面按表5划分为危害大、危害中等、危害小三个等级。

表5 地质灾害危害程度分级表

危害程度	灾情		险情	
	死亡人数/人	直接经济损失/×10⁴ 元	受威胁人数/人	可能直接经济损失/×10⁴ 元
大	≥10	≥500	≥100	≥500
中等	3～10	100～500	10～100	100～500
小	≤3	≤100	≤10	≤100

注1：灾情指已发生的地质灾害，采用"死亡人数""直接经济损失"指标评价。
注2：险情指可能发生的地质灾害，采用"受威胁人数""可能直接经济损失"指标评价。
注3：危害程度采用"灾情"或"险情"指标评价。

4.5.2 地质灾害危险性等级应根据地质灾害发育程度、危害程度按表6划分为危险性大、危险性中等、危险性小三个等级。

表6 地质灾害危险性分级表

危害程度	发育程度		
	复杂、强发育	中等发育	简单、弱发育
大	危险性大	危险性大	危险性中等
中等	危险性大	危险性中等	危险性中等
小	危险性中等	危险性中等	危险性小

注1：对已发生地质灾害评估用灾情指标；潜在地质灾害预测评估用险情指标。
注2：危害程度应计算水利水电建设工程本身和相邻建筑物遭受地质灾害可能产生的经济损失之和或受威胁人数。

4.6 不同评估级别技术要求

4.6.1 一级评估应有充足的基础资料进行充分论证。主要包括下列内容：
  a) 当已有基础资料不能满足评估技术要求时，应在详细调查或地质测绘的基础上，投入适量的钻探、物探、坑（井）探、岩土测试等实物工作量，查明评估区内地质灾害类型及发育特征。
  b) 应对评估区内分布的各类地质灾害体的危险性和危害程度逐一进行现状评估。
  c) 对工程建设可能引发或加剧的以及本身可能遭受的各类地质灾害的可能性和危害程度分别进行预测评估。
  d) 依据现状评估和预测评估的结果，综合评估建设用地地质灾害危险性程度，分区段划分出危险性等级，说明各区段地质灾害的种类和危害程度，对建设用地适宜性做出评估结论，并提出有效防治地质灾害的措施与建议。

4.6.2 二级评估应有充足的基础资料进行综合分析。主要包括下列内容：

a) 当已有基础资料不能满足评估技术要求时,可在调查和测绘的基础上,投入少量的实物工作量,基本查明评估区地质环境条件、地质灾害类型及发育特征。
b) 应对评估区内分布的各类地质灾害体的危险性和危害程度逐一进行现状评估。
c) 对工程建设可能引发或加剧的以及本身可能遭受的各类地质灾害的可能性和危害程度分别进行预测评估。
d) 综合评估建设用地地质灾害危险性程度,分区段划分危险性等级,说明各区段主要地质灾害种类和危害程度,对建设用地适宜性做出评估结论,并提出可行的防治地质灾害的措施与建议。

4.6.3 三级评估应有必要的基础资料,在踏勘调查的基础上,参照一级评估要求的内容做出概略评估。

5 地质环境和地质灾害调查

5.1 一般规定

5.1.1 水利水电工程地质灾害的调查范围应根据建设用地或枢纽布置格局等特点、可能存在的地质灾害种类及影响范围来圈定,调查范围应大于评估范围。

5.1.2 地质环境调查应综合利用水利水电工程前期地质勘测资料,并根据建筑物布置格局和特点,合理选择地质调查手段和线路。

5.1.3 调查内容应包括气象水文、植被、区域地质及地震、地形地貌、地层岩性、地质构造、水文地质条件、不良地质现象、破坏地质环境的人类活动及程度。

5.1.4 通过调查,应查明评估区地质环境条件、地质灾害分布特征和发育规模,分析地质灾害形成机理,并对其发育程度和稳定性做出定性判断。

5.1.5 调查所采用的地形地质图范围应包括全部评估区,并应能满足反映地质环境条件、地质灾害体分布及特征、水利水电工程总布置等评估所需要素。

5.1.6 全域评估图件的比例尺一般不宜小于1:50 000,危险性大的地质灾害体应采用1:10 000;重要的枢纽工程和建筑物区评估图的比例尺可采用1:1 000~1:5 000。

5.1.7 调查控制点应符合下列规定:
a) 在图幅面积10 cm×10 cm的范围内,对于一级评估不应少于5个,二级评估不应少于3个,三级评估不应少于2个。
b) 对地质灾害形成有明显控制与影响的微地貌、地层岩性、地质构造等重要部位或重点地段,可适当加密调查点。

5.1.8 调查点的记录应准确、条理清晰、图文相符。重要的调查点应附素描图、柱状图、剖面图或照片。地质灾害评估调查表应按《地质灾害危险性评估规范》(DZ/T 0286)附录E执行。

5.1.9 通过综合分析,应对评估区地质环境条件复杂程度做出总体评价,可进行地质灾害易发程度区段划分。

5.2 地质环境调查

5.2.1 区域地质背景调查应包括以下内容:
a) 收集水利水电工程已有的区域构造稳定性评价或地震安全性评价相关资料。
b) 收集工程研究区、近场区、场址区1:20万~1:100万区域地质及构造背景资料,包括构造运动性质和时代,各种构造形迹的特征、主要构造线的展布方向等,分析判断在其背景下可能发育的地质灾害及与评估区的关系。

c) 收集评估区及周边活动断裂的规模、性质、产状,分析现今活动特征和构造应力场及断层活动规律,分析判断对评估区的影响程度。

d) 收集区域地震历史资料和附近地震台站测震资料,分析历史地震对评估区的影响。

5.2.2 气象水文资料应包括以下内容:

a) 收集降水、蒸发等资料,包括长年降水量变化特征,最大日降水量、最大过程降水量,一次降雨过程中连续大雨、暴雨天数及其年内时段分布等气象特征。

b) 收集多年年平均气温、极端最高气温、极端最低温度、日照时数、日照率、无霜期天数、冻土时间、最大冻土深度、多年平均冻土深度等资料。

c) 收集流域汇流面积、径流特征;主要河、湖及其他地表水体(包括湿地、季节性积水洼地)的流量和水位动态;最高洪水位和最低枯水位高程及出现日期和持续时间、汛期洪水频率及变幅、历史洪水及洪涝灾情等。

d) 当水利水电工程位于海岸带时,应收集当地的最高、最低潮位和多年平均高(低)潮位资料。

5.2.3 地形地貌调查应包括以下内容:

a) 调查评估区及周边天然地貌类型、形态与组合特征、过渡关系与相对时代。

b) 调查斜坡的形态、类型、结构、坡度、高度;沟谷、河谷、河漫滩、阶地、冲洪积扇等分布特征,植被发育情况。

c) 调查评估区现状人工地貌类型(包括人工边坡、水库、大坝、堤防、弃碴等)、分布位置、形态特征、规模、形成时间、运行现状、建(构)筑物分布情况和对工程的影响。

d) 调查评估区微地貌的组合特征、相对年代及其演化历史。

5.2.4 地层岩性调查应包括以下内容:

a) 调查地层的时代、成因、岩性、产状、厚度、分布等。

b) 调查岩浆岩的分布、岩性、形成年代及与围岩接触关系等。

5.2.5 地质构造调查应包括以下内容:

a) 调查地质构造的分布形态、发育规模、间距和密度、性质及组合特征等。

b) 调查与河流及水工建筑物有关的顺坡结构面、陡立结构面、缓倾结构面等。

c) 分析区域活动断裂对评估区及地质灾害的影响。

5.2.6 岩土体类型及其工程地质性质调查应包括以下内容:

a) 调查评估区岩土体及特殊土的分布,重点了解评估区岩土体类型及工程地质特征。

b) 调查水工建筑物区岩体的风化、卸荷等特征,了解评估区岩土体物理力学性质。

c) 进行工程地质条件分区,当评估区范围较大且工程地质条件较复杂时,宜按岩组类型进一步划分亚区。

5.2.7 水文地质条件调查宜包括以下内容:

a) 收集或编制水文地质图及水文地质剖面图。

b) 调查评估区含水层的分布、类型、富水性、透水性,隔水层的岩性、厚度和分布。

c) 调查地下水类型,地下水的水位、水量、水质、水温等特征。

d) 分析地下水对评估区岩土体的影响及与地质灾害的关系。

5.2.8 人类活动对地质环境的影响调查宜包括以下内容:

a) 调查评估区人类活动的类型、规模、分布等对地质环境的影响程度。

b) 调查评估区附近的采矿、采砂、采金巷道和矿山已开采及规划的范围、层位、开采方式、开采规模、开采时间等。

c) 调查评估区弃土、弃碴、矿山固体废弃物堆放形成的尾矿库等分布位置、形态、数量、方量、堆放形式、密实程度、特性和防护措施等。

d) 调查评估区附近可能引发地质灾害的其他人类工程活动、边坡开挖、坡顶加荷、切坡工程建设、斜坡开荒等人类活动情况。

5.3 地质灾害调查

5.3.1 应查明水利水电工程评估区已发生（或潜在）各种地质灾害的类型、形成条件、分布范围和规模、活动特征、诱发因素与形成机制，划分易发区段。

5.3.2 滑坡调查宜包括：

a) 滑坡体上微地貌形态及其演变过程，主要包括滑坡周界、滑坡壁、滑坡平台、滑坡舌、滑坡裂缝、滑坡鼓丘等；查明滑动带部位、滑痕指向、倾角，滑带的组成和物理力学特性。

b) 裂缝的位置、方向、深度、宽度、产生时间、切割关系和力学属性。

c) 分析滑坡的主滑方向、主滑段、抗滑段及其变化；分析滑动面的层数、深度和埋藏条件，判断其向上、向下及两侧的发展趋势。

d) 滑坡体地下水和地表水的分布情况，泉水出露点及流量。

e) 滑坡体内外建筑物、树木等的变形、位移及其破坏时间和过程。

5.3.3 崩塌调查宜包括：

a) 崩塌区地形地貌及崩塌类型、规模、范围、崩落方向和崩塌堆积体物质组成情况。

b) 崩塌区地质构造，岩土体结构类型、结构面产状、组合关系、力学性质、充填情况、组成物质及胶结情况、闭合程度、延展及贯穿特征、结构面的切割组合关系，分析崩塌的崩落方向、规模和影响范围。

c) 初步判断崩塌成因机制及稳定程度，并确定影响范围和对象。

5.3.4 泥石流调查宜包括：

a) 泥石流沟谷的暴发历史，历次泥石流发生时间、频数、规模、形成过程、暴发前的降雨情况和暴发后产生的灾害情况，区分正常沟谷或低频率泥石流沟谷。

b) 沟谷区地层岩性，地质构造，崩塌、滑坡等不良地质现象和松散堆积物的分布、物质组成和方量。

c) 沟谷地形地貌特征，包括沟谷发育程度、切割情况和沟床坡度、弯曲堵塞、粗糙程度，纵坡坡度，划分泥石流形成区、流通区和堆积区，圈绘整个沟谷的汇水面积。

d) 物源区的水源类型、水量、汇水条件、山坡坡度，岩土性质及风化松散程度。

e) 流通区的沟床纵坡坡度、跌水、急湾等特征；沟床两侧山坡坡度、稳定程度，沟床的冲淤变化和泥石流的痕迹。

f) 堆积区堆积扇分布范围、表面形态、纵坡、植被、沟道变迁和冲淤情况；堆积物质组成、厚度，一般粒径、最大粒径及分布规律。

g) 可能引发泥石流的人类工程活动，包括各类工程建设产生的固体废弃物（矿山尾矿、工程弃碴、弃土、垃圾等）的分布、数量、堆放形式、特性，修路切坡、砍伐森林、陡坡开荒及过度放牧等人类活动情况。

5.3.5 采空塌陷调查应以资料收集、分析为主，调查宜包括：

a) 收集评估区周边矿山开发利用现状及矿山规划等资料。
b) 收集形成地面塌陷的地质环境条件和发展史，矿山开采历史过程和闭坑方式、时间。
c) 收集矿层分布、层数、深度、厚度、埋藏特征和开采顶板的岩性、结构等。
d) 收集矿层开采方法、时间、顶板支撑及采空区塌落时间、过程、密实程度、空隙和积水等。
e) 调查地表变形和分布特征，包括地表塌陷坑、台阶、裂缝位置、形状、大小、深度、延伸方向及与采空区、地质构造、开采边界、工作面推进方向等的关系。
f) 调查采空区建筑物变形特征、变形时间、规模等现状。
g) 调查层状沉积矿山开采后地表移动盆地的特征，划分中间区、内边缘区和外边缘区，确定地表移动和变形特征值。对于产状变化剧烈的位置要重点进行调查，历史上是否发生过抽冒型塌陷以及发生地点、时间、规模。
h) 调查采空区附近的抽、排水情况及对采空区稳定的影响。
i) 收集当地防治采空塌陷的经验。

5.3.6 岩溶塌陷调查内容宜包括：
a) 地貌成因类型与形态，可溶岩分布与岩溶发育特征，上覆第四系松散覆盖层的厚度、结构与工程地质特征。
b) 岩溶塌陷发育的地貌条件，如岩溶洼地、谷地或平原，岩溶盆地，山前缓丘坡地，河湖冲积平原或阶地等，地表有无漏斗、天窗、碟形洼地、槽谷等古塌陷或沉陷的遗迹。
c) 可溶岩的岩石成分、岩性、结构构造、厚度、埋深、分布和顶板形态，发育和充填程度等。
d) 岩溶塌陷坑数量，影响范围，塌陷坑形态和规模，分布特征和密集程度，最大下沉深度，地裂缝长度、宽度、数量、组合特征、延伸范围和展布方向等。
e) 岩溶塌陷发生的时间与形态、发育强度与频度、发育过程与发育阶段、塌陷的伴生现象。
f) 岩溶水的赋存状态、水位埋深与动态变化，覆盖层的含水性及其与岩溶水的水力联系，着重调查岩溶塌陷等变形现象与岩溶水主径流带、排泄带及具双层含水结构地段的关系，调查地下水活动动态及其与自然和人为因素的关系。
g) 场地及附近岩溶塌陷对已有建筑物的破坏和损失情况，划分可能发生岩溶塌陷的区段。

5.3.7 地裂缝调查内容宜包括：
a) 调查地裂缝附近的地质构造与性质，新构造运动和发展史。
b) 调查新构造运动、地震情况与地裂缝的关系。
c) 调查地裂缝的地质环境条件，地裂缝的发育时间、规模、延伸方向、分布范围、破坏过程和危害程度等。
d) 调查地裂缝发展趋势。

5.3.8 地面沉降调查内容宜包括：
a) 第四系松散堆积物的年代、成因、厚度、地层结构和分布特征，基底地层岩性、埋深和地质构造。
b) 测量地下水位，调查地表水（雨水、污水）的积水情况，调查地下水开发利用历史、动态变化特征。
c) 调查地面沉降发展历史、现状。
d) 地面沉降对建（构）筑物及其他设施的影响及防治经验。

5.3.9 次生地质灾害调查内容宜包括：
a) 水库塌岸主要调查岸坡地层结构和物质组成、岩土体物理力学特性，库岸坡度、高度、阶地面宽度及地表附着物的种类和分布。
b) 泄洪雾化区主要根据水工建筑物泄洪方式,确定泄洪雾化区宽度、高度,对雾化影响范围内的岸坡地质环境和灾害类型进行调查。
c) 滑坡涌浪根据水库正常蓄水位高程,调查库水位波动影响带已有或新增滑坡的分布和规模。

6 地质灾害危险性现状评估

6.1 一般规定

6.1.1 现状评估应在充分收集资料和实地调查的基础上,分类阐述评估区内现状条件下地质环境、地质灾害发育特征与形成机制。

6.1.2 应根据地质灾害类型及分布范围、发育程度(稳定性)、发育规模、危害程度等按灾种进行。

6.1.3 稳定性分析应结合地质灾害类型选用工程地质类比法、成因历史分析法、稳定性计算等定性、半定量、定量的评估方法进行。

6.1.4 应根据地质灾害危害程度、灾情程度、稳定状态、威胁对象等,确定地质灾害危险性级别。

6.2 滑坡

6.2.1 滑坡稳定性分析方法宜包括:
a) 地质分析法、工程地质类比法等定性分析法。
b) 统计法、因子权重指数法、赤平投影法、图解法等半定量分析法。
c) 有条件时可采用相关公式定量计算。

6.2.2 滑坡的发育程度可根据滑坡的规模、稳定状态、发生发展特征,按表7确定。

表7 滑坡灾害的发育程度分级表

发育特征	发育程度(稳定性)分级		
	弱发育	中等发育	强发育
前缘	滑坡前缘斜坡较缓,临空高差小,无地表径流流经和继续变形的迹象,岩土体干燥	滑坡前缘临空,有间断季节性地表径流流经,岩土体较湿,斜坡坡度为30°~45°	滑坡前缘临空,坡度较陡且常处于地表径流的冲刷之下,有发展趋势并有季节性泉水出露,岩土潮湿、饱水
滑体	滑体平均坡度小于25°,坡面上无裂缝发展,其上建筑物、植被未有新的变形迹象	滑体平均坡度为25°~40°,坡面上局部有小的裂缝,其上建筑物、植被无新的变形迹象	滑体平均坡度大于40°,坡面上有多条新发展的滑坡裂缝,其上建筑物、植被有新的变形迹象
后缘	后缘壁上无擦痕和明显位移迹象,原有裂缝已被充填	后缘壁上有不明显变形迹象,后缘有断续的小裂缝发育	后缘壁上可见擦痕或有明显位移迹象,后缘有裂缝发育
稳定状态	稳定	欠稳定	不稳定

6.2.3 滑坡危险性现状评估应根据发育程度、稳定状态和危害程度,按本规程表6进行危险性分级。

6.3 崩塌

6.3.1 崩塌发育程度可按表8确定。

表8 崩塌发育程度分级表

发育程度	发育特征
强发育	崩塌处于欠稳定—不稳定状态，评估区或周边同类崩塌分布多，大多已发生。崩塌体上方发育多条平行沟谷的张性裂隙，主控裂隙面上宽下窄，且下部向外倾，裂隙内近期有碎石土流出或掉块，底部岩土体有压碎或压裂状；崩塌体上方平行沟谷的裂隙明显
中等发育	崩塌处于欠稳定状态，评估区或周边同类崩塌分布较少，有个别发生。危岩体主控破裂面直立呈上宽下窄，上部充填杂土生长灌木杂草，裂面内近期有掉块现象；崩塌上方有细小裂隙分布
弱发育	崩塌处于稳定状态，评估区或周边同类崩塌分布但均无发生，危岩体破裂面直立，上部充填杂土，灌木年久茂盛，多年来裂面内无掉块现象；崩塌上方无新裂隙分布

6.3.2 崩塌体稳定性分析可按表9进行确定。

表9 崩塌体稳定性分析表

稳定性评价	地形坡度	结构面特征	岩体结构	备注
不稳定	地形陡，坡度一般大于为45°	结构面普遍张开，部分充填岩屑及次生泥，岩体松动，控制性结构面交线顺坡、倾角小于坡角但大于45°，结构面不利组合完备	块裂或碎裂结构	1. 结构面不利组合完备指存在顺坡结构面或两组结构面交线顺坡、倾角小于坡脚且大于结构面摩擦角。 2. 结构面不利组合较完备指存在顺坡结构面或两组结构面交线顺坡、倾角小于坡脚，主控结构面非连续。 3. 凡结构面不利组合完备均为稳定性极差。 4. 对斜坡上孤石及破碎岩体，以地形坡度及植被发育为主要判别条件
欠稳定	地形坡度一般为37°~45°	结构面部分张开或闭合无充填，控制性结构面或结构面交线顺坡，倾角小于坡脚、倾角为37°~45°，不利组合较完备	块裂或块状结构	
稳定	地形坡度一般为30°~37°	结构面部分张开或闭合无充填，控制性结构面或结构面交线顺坡，倾角大于坡脚，倾角为30°~37°，不利结构面组合较完备或不完备	镶嵌或次块状结构	

6.3.3 崩塌危险性现状评估应根据发育程度、稳定状态和危害程度，按本规程表6进行危险性分级。

6.4 泥石流

6.4.1 根据泥石流沟谷地形地貌、物源、水源等多种影响因素，可按表10对泥石流沟易发程度进行量化评分。

表 10 泥石流沟易发程度量化评分表

序号	影响因素	量级划分 强发育(A)	得分	中等发育(B)	得分	弱发育(C)	得分	不发育(D)	得分
1	崩塌、滑坡及水土流失(自然和人为活动的)严重程度	崩塌、滑坡等重力侵蚀严重,多层滑坡和大型崩塌,表土疏松,冲沟十分发育	21	崩塌、滑坡发育,多层滑坡和中小型崩塌,有零星植被覆盖,冲沟发育	16	有零星崩塌、滑坡和冲沟存在	12	无崩塌、滑坡、冲沟或发育轻微	1
2	泥砂沿程补给长度比	≥60 %	16	60 %～30 %	12	30 %～10 %	8	<10 %	1
3	沟口泥石流堆积活动程度	主河河形弯曲或堵塞,主流受挤压偏移	14	主河河形无较大变化,仅主流受迫偏移	11	主河河形无变化,主流在高水位时偏,低水位时不偏	7	主河无河形变化,主流不偏	1
4	河沟纵坡	≥12°(≥21.3 %)	12	12°～6°(21.3 %～10.5 %)	9	6°～3°(10.5 %～5.2 %)	6	<3°(<5.2 %)	1
5	区域构造影响程度	强抬升区,受构造影响大,断层破碎带上,震级 $M>6$	9	抬升区,受构造影响中等,有中小支断层,震级 $M=6\sim4$	7	相对稳定区,受构造影响较小,有小断层,震级 $M<4$	5	沉降区,构造影响小无断层	1
6	流域植被覆盖率	≤10 %	9	10 %～30 %	7	30 %～60 %	5	>60 %	1
7	河沟近期一次变幅	≥2 m	8	2 m～1 m	6	1 m～0.2 m	4	<0.2 m	1
8	岩性影响	软岩、黄土	6	软硬相间	5	风化和节理发育的硬岩	4	硬岩	1
9	松散物储量/×10⁴ m³·km²	很丰富≥10	6	丰富 10～5	5	少 5～1	4	很少<1	1
10	沟岸山坡坡度	≥32°(≥62.5 %)	6	32°～25°(62.5 %～46.6 %)	5	25°～15°(46.6 %～26.8 %)	4	<15°(<26.8 %)	1
11	产沙区沟槽横断面	"V"形谷、"U"形谷、谷中谷	5	拓宽"U"形谷	4	复式断面	3	平坦型	1
12	产沙区松散物平均厚度	≥10 m	5	10 m～5 m	4	5 m～1 m	3	<1 m	1
13	流域面积/km²	0.2～5	5	5～10	4	10～100	3	≥100	1
14	流域相对高差	≥500 m	4	500 m～300 m	3	300 m～100 m	2	<100 m	1
15	河沟堵塞程度	严重	4	中等	3	轻微	2	无	1
16	评判等级标准	综合得分		≥116		86～116		<86	
		易发等级		高易发		中易发		低易发	

6.4.2 泥石流堵塞程度分级可按表11确定。

表 11 泥石流堵塞程度分级表

堵塞程度	特征
严重	河槽弯曲，河段宽窄不均，卡口、陡坎多。大部分支沟交汇角度大，形成区集中。物质组成黏性大，稠度高，沟槽堵塞严重，阵流间隔时间长
中等	沟槽较顺直，沟段宽窄较均匀，陡坎、卡口不多。主支沟交角多小于60°，形成区不太集中。河床堵塞情况一般，流体多呈稠浆—稀粥状
轻微	沟槽顺直均匀，主支沟交汇角小，基本无卡口、陡坎，形成区分散。物质组成黏度小，阵流的间隔时间短而少

6.4.3 泥石流危险性现状评估应根据易发程度（发育程度）和危害程度，按本规程表6进行危险性分级。

6.5 岩溶塌陷

6.5.1 岩溶发育程度可按表12确定。

表 12 岩溶发育程度指标分级表

岩溶发育程度	岩溶地质现象	参考指标				
		地表岩溶发育密度 /个·km^{-2}	钻孔岩溶率 a/%	钻孔遇洞率 b/%	泉流量 /L·s^{-1}	单位涌水量 /L·(s·m)$^{-1}$
强发育	可溶岩岩性较纯，连续厚度较大，出露面积较广，地表有较多的洼地、漏斗、落水洞，地下溶洞发育，多岩溶大泉或暗河，岩溶发育深度大	>5	>10	>60	>100	>1
中等发育	以次纯可溶岩为主，多间夹层型，地表有洼地、漏斗、落水洞发育，地下溶洞不多，岩溶大泉数量较少，暗河稀疏，深部岩溶不发育	5~1	10~3	60~30	100~10	1~0.11
弱发育	以不纯可溶岩为主，多间夹层型或互层型，地表溶洞较少，岩溶大泉数量少见	<1	<3	<30	<10	<0.1

6.5.2 岩溶塌陷稳定性可按下列要求进行判断：
a) 历史上已发生的岩溶塌陷，且现今无变形迹象的可判别为相对稳定。
b) 现今发生的岩溶塌陷，通过监测，塌陷坑没有继续发展变化，可判断为基本稳定。
c) 岩溶塌陷继续变大、变深，或塌陷坑壁有坍塌现象，塌陷坑周围有新的裂缝产生，可判断为不稳定。

6.5.3 岩溶塌陷危险性现状评估应根据发育程度和危害程度，按本规程表6进行危险性分级。

6.6 采空塌陷

6.6.1 应采用定性与半定量评价相结合的方法,对采空塌陷稳定性进行分析评价。

6.6.2 采空塌陷稳定性可根据地表允许变形量和变形速率进行评价。

6.6.3 采空塌陷发育程度可按表13确定。

表13 采空塌陷发育程度分级表

发育程度	参考指标							发育特征
	地表移动变形值				开采深厚比	采空区及其影响带占建设场地面积/%	治理工程面积占建设场地面积/%	
	下沉量/mm·a^{-1}	倾斜/mm·m^{-1}	水平变形/mm·m^{-1}	地形曲率/mm·m^{-2}				
强发育	>60	>6	>4	>0.3	<80	>10	>10	地表存在塌陷和裂缝;地表建(构)筑物变形开裂明显
中等发育	20~60	3~6	2~4	0.2~0.3	80~120	3~10	3~10	地表存在变形及地裂缝;地表建(构)筑物有开裂现象
弱发育	<20	<3	<2	<0.2	>120	<3	<3	地表无变形及地裂缝;地表建(构)筑物无开裂现象

6.6.4 采空塌陷危险性现状评估应根据采空塌陷发育程度和危害程度,按本规程表6进行危险性分级。

6.7 地裂缝

6.7.1 根据现有地裂缝的类型、规模、发育时间及成因机制和地质环境条件,可按表14确定地裂缝发育程度。

表14 地裂缝发育程度分级表

发育程度	参考指标			发育特征
	平均活动速率 v/mm·a^{-1}	地震震级 M/级	规模	地裂缝发生的可能性及特征
强发育	$v>1$	$M \geqslant 7$	巨型、大型	评估区有活动断裂通过,晚更新世以来有活动,全新世以来活动强烈,地面地裂缝发育并通过拟建工程区。地表开裂明显;可见陡坎、斜坡、微缓坡、陷坑等微地貌现象;房屋裂缝明显
中等发育	$1 \geqslant v \geqslant 0.1$	$7>M \geqslant 6$	中型	评估区有活动断裂通过,晚更新世以来有活动,全新世以来活动较强烈,地面地裂缝中等发育,并从拟建工程区附近通过。地表有开裂现象;无微地貌显示;房屋有裂缝现象
弱发育	$v<0.1$	$M<6$	小型	评估区有活动断裂通过,全新世以来有微弱活动,地面地裂缝不发育或距拟建工程区较远。地表有零星小裂缝,不明显;房屋未见裂缝

6.7.2 地裂缝危险性现状评估应根据发育程度、危害程度以及地裂缝与水工建筑物的位置关系,按本规程表6进行危险性分级。

6.8 地面沉降

6.8.1 地面沉降发育程度可根据累积地面沉降量和沉降速率按表15确定。

表15 地面沉降发育程度分级表

发育程度	发育程度		
	强发育	中等发育	弱发育
近5年平均沉降速率/mm·a^{-1}	≥30	10~30	<10
累计沉降量/mm	≥800	300~800	<300
注1:累计地面沉降量指自有监测数据至最新政府公布数据。 注2:沉降速率指近3 a~5 a的平均年沉降量。 注3:上述两项因素满足一项即可,并按照强至弱顺序确定。			

6.8.2 地面沉降危险性现状评估应根据发育程度、危害程度,按本规程表6进行危险性分级。

7 地质灾害危险性预测评估

7.1 一般规定

7.1.1 应根据水利水电工程项目类别、设计方案、工程结构和地基基础方案、工程建设对地质环境作用方式和影响程度及其可能引发、加剧的地质灾害类型进行预测评估。

7.1.2 应在现状评估基础上,根据评估区地质环境条件和建设工程的特点,对水利水电工程建设中、建成后可能引发或加剧地质灾害发生的可能性、发育程度、危害程度和危险性做出预测评估。

7.1.3 应对建设工程自身可能遭受的地质灾害危害的可能性、发育程度、危害程度和危险性做出预测评估。

7.1.4 对于水库塌岸等库岸再造地质灾害类型,应对其长度、宽度、方量、形态、部位、破坏方式等进行预测和评价。

7.1.5 应重点对水利水电工程引发或加剧发生高速远程滑坡、冲击式涌浪、大方量拍击式涌浪、碎屑流入库(河)等地质灾害隐患的可能性和危险性进行预测评估。

7.1.6 应加强对坝后泄洪雾化区诱发新增滑坡、崩塌等的危险性进行预测评估。

7.1.7 应注重施工期爆破振动引发次生地质灾害的影响。对于一级水利水电工程和特高边坡,应在评估结论中提出防治要求或建议。

7.1.8 地质灾害危险性预测评估可采用工程地质类比法,成因历史分析法,层次分析法,数学统计法等定性、半定量的评估方法。

7.1.9 地质灾害诱发因素的分类应按表16确定。

表16 地质灾害诱发因素分类表

分类	滑坡	崩塌	泥石流	岩溶塌陷	采空塌陷	地裂缝	地面沉降
自然因素	地震、降水、融雪、融冰、地下水位上升、河流侵蚀、新构造运动	地震、降水、融雪、融冰、温差变化、河流侵蚀、树木根劈	降水、融雪、融冰、堰塞湖、冰碛湖溃决、溢流、地震	地下水位变化、地震、降水	地下水位变化、地震	地震、新构造运动	新构造运动
人为因素	水工建筑物及料场开挖扰动、爆破；坡顶加载、基坑及围堰抽排水、施工用水入渗、坝后泄洪雾化、水库运行、滑（边）坡锚固注浆加压不合理；饶坝渗漏	水工建筑物及料场开挖扰动、爆破、机械振动；施工用水入渗、坝后泄洪雾化、水库运行、滑（边）坡锚固注浆加压不合理	沟谷弃碴、弃土不合理堆放；植被破坏	抽排水、开挖扰动、采矿、机械振动、加载	采矿、抽排水、开挖扰动、振动、加载	抽排水	抽排水、油气开采；水库或水工建筑物渗漏

7.2 工程建设中、建成后可能引发或加剧地质灾害危险性预测评估

7.2.1 根据水利水电工程建设与崩塌、滑坡的位置关系及诱发因素，分析工程建设中、建设后引发或加剧崩塌、滑坡发生的可能性、发育程度及危害程度，按表17对崩塌和滑坡危险性进行预测评估。

表17 崩塌、滑坡地质灾害危险性预测评估分级

引发或加剧滑坡发生的可能性	危害程度	发育程度	危险性等级
工程建设位于滑坡、崩塌的影响范围内，对其稳定性影响大，引发或加剧滑坡、崩塌的可能性大	大	强	大
		中等	大
		弱	中等
工程建设部分位于滑坡、崩塌的影响范围内，对其稳定性影响中等，引发或加剧滑坡、崩塌的可能性中等	中等	强	大
		中等	中等
		弱	中等
工程建设对滑坡、崩塌稳定性影响小，引发或加剧滑坡、崩塌的可能性小	小	强	中等
		中等	中等
		弱	小

7.2.2 当水库内滑坡体上分布有居民点或重要建筑物，并满足下列条件之一的可判定为工程建设引发或加剧的水库滑坡、崩塌。

  a) 天然条件下处于稳定状态的滑坡体，水库蓄水后部分淹没，并将引起复活的区域。

  b) 天然条件下处于不稳定状态的滑坡体，水库蓄水后部分被淹没，并将加剧活动的区域。

  c) 水库蓄水未直接淹没的滑坡体，水库蓄水后引起地下水位上升，恶化滑坡稳定条件，并导致复活或加剧活动的区域。

  d) 水库蓄水后将引起的潜在不稳定库岸边坡，特别是近坝库岸边坡变形失稳的区域。

7.2.3 当近坝库岸大型滑坡、崩塌体在水库蓄水后稳定性较差或存在失稳下滑的可能性时，应对其进行滑坡涌浪预测，并对危险性进行预测评估。水库滑坡的滑速、涌浪高度等预测方法可按附录B执行。

7.2.4 当水利水电工程坝后存在崩塌、滑坡隐患时，应根据泄洪雾化的影响范围和雨强，预测引发或加剧崩塌、滑坡的可能性，并对其危险性进行预测评估。泄洪雾化区崩塌、滑坡稳定性评价方法可

按附录C执行。

7.2.5 根据水利水电工程项目与泥石流沟谷的位置关系,可按表18判断工程建设中、建设后引发或加剧泥石流发生的可能性,按表19对泥石流危险性进行预测评估。

表18 工程建设引发或加剧泥石流的可能性判别表

可能性	一般性条件		
	松散物总量/×10^4 m³	堆积物状况	沟坡与降雨条件
大	≥1	集中堆积在沟道、坡脚与坡面,极不稳定	极有利于泥石流的形成
中	0.05~1	分散堆积在沟坡,部分不稳定	有利于泥石流的形成
小	<0.05	全部清运或少量零散堆积,稳定	不利于泥石流的形成

表19 泥石流危险性预测评估分级表

工程建设引发或加剧泥石流发生的可能性	危害程度	发育程度	危险性等级
工程建设位于泥石流影响范围内,弃碴量大,堵塞沟道,水源丰富,引发或加剧泥石流的可能性大	大	强	大
		中等	大
		弱	中等
工程建设位于泥石流影响范围内,弃碴量较大,沟道基本通畅,水源较丰富,引发或加剧泥石流的可能性中等	中等	强	大
		中等	中等
		弱	中等
工程建设位于泥石流影响范围外,引发或加剧泥石流的可能性小	小	强	中等
		中等	中等
		弱	小

7.2.6 根据水利水电工程与岩溶分布的位置,判断工程建设中、建设后引发或加剧岩溶塌陷发生的可能性、发育程度和危害程度,按表20对岩溶塌陷危险性进行预测评估。

表20 岩溶塌陷危险性预测评估分级

工程建设引发或加剧岩溶塌陷发生的可能性	危害程度	稳定状态	危险性等级
工程建设位于岩溶强塌陷及其影响范围内,引发或加剧岩溶塌陷的可能性大	大	不稳定	大
		基本稳定	大
		稳定	中等
工程建设位于岩溶塌陷影响范围内,引发或加剧岩溶塌陷的可能性中等	中等	不稳定	大
		基本稳定	中等
		稳定	中等
工程建设临近岩溶塌陷影响范围,引发或加剧岩溶塌陷的可能性小	小	不稳定	中等
		基本稳定	中等
		稳定	小

7.2.7 根据水利水电工程项目与采空塌陷的位置关系,分析工程建设中、建设后引发或加剧采空塌陷发生的可能性、稳定状态和危害程度,按表21对采空塌陷危险性进行预测评估。

表21 采空塌陷危险性预测评估分级

工程建设引发或加剧采空塌陷发生的可能性	危害程度	稳定状态	危险性等级
工程建设位于采空区及采空塌陷影响范围内,引发或加剧采空塌陷的可能性大	大	不稳定	大
		基本稳定	大
		稳定	中等
工程建设位于采空区影响范围内,引发或加剧采空塌陷的可能性中等	中等	不稳定	大
		基本稳定	中等
		稳定	中等
工程建设临近采空区影响范围,引发或加剧采空塌陷的可能性小	小	不稳定	中等
		基本稳定	中等
		稳定	小

7.2.8 确定评估区范围内水利水电工程项目与地裂缝的位置关系,判断工程建设中、建设后引发或加剧地裂缝发生的可能性,按表22判别地裂缝的活动阶段,按表23对地裂缝危险性进行预测评估。

表22 地裂缝活动阶段性预测表

阶段性	评价标准
发生阶段	地面出现差异变形;地表可见细微裂隙或裂缝;活动速率逐渐增加;建(构)筑物出现局部裂缝
发展阶段	地面差异沉降变形十分明显;地表破裂增多,且破裂张开和垂直位移量进一步扩大;活动速率明显增加;建(构)筑物受损明显
趋于稳定阶段	地面差异沉降变形基本稳定,未出现明显变化;地表破裂不再增加,张开与垂直位移量不再扩大;活动速率明显减小或趋于稳定;建(构)筑物未出现新裂缝

表23 地裂缝危险性预测评估分级

工程建设引发或加剧地裂缝发生的可能性	危害程度	活动阶段	危险性等级
工程建设位于地裂缝上,工程活动引起地表不均匀沉降明显,引发或加剧地裂缝的可能性大	大	发生阶段	大
		发展阶段	大
		趋于稳定阶段	中等
工程建设位于地裂缝影响范围内,工程活动引起地表不均匀沉降较明显,引发或加剧地裂缝的可能性中等	中等	发生阶段	大
		发展阶段	中等
		趋于稳定阶段	中等
工程建设临近地裂缝影响范围,引发或加剧不均匀沉降的可能性小	小	发生阶段	中等
		发展阶段	中等
		趋于稳定阶段	小

7.2.9 确定水利水电工程建设项目与地面沉降的位置关系，判断工程建设中、建设后引发或加剧地面沉降发生的可能性、地面高程和沉降速率变化，按表24确定地面沉降阶段，按表25对地面沉降危险性做出预测评估。

表24 地面沉降阶段性预测表

阶段性	评价标准
发生阶段	地面高程出现降低现象，地面沉降速率逐渐增加
发展阶段	沉降速率明显增加，沉降范围急剧扩大，沉降规律更加明显
趋于稳定阶段	地面沉降基本稳定，未出现明显变化；地面沉降速率明显减小，趋于稳定

表25 地面沉降危险性预测评估分级

工程建设引发或加剧地面沉降发生的可能性	危害程度	活动阶段	危险性等级
工程建设位于地面沉降范围内，工程活动引发或加剧地面沉降的可能性大	大	发生阶段	大
		发展阶段	大
		趋于稳定阶段	中等
工程建设位于地面沉降影响范围内，工程活动引发或加剧地面沉降的可能性中等	中等	发生阶段	大
		发展阶段	中等
		趋于稳定阶段	中等
工程建设临近地面沉降影响范围，工程活动引发或加剧地面沉降的可能性小	小	发生阶段	中等
		发展阶段	中等
		趋于稳定阶段	小

7.2.10 水库蓄水引发塌岸地质灾害危险性应根据水库蓄水引发塌岸的可能性、塌岸产生的强烈程度和危害对象，按表26进行预测分级评估。塌岸强烈程度按表27划分为强烈、较强烈、轻微三级，水库塌岸模式及预测方法见附录D。

表26 塌岸危险性预测评估分级表

水库蓄水引发塌岸的可能性	危害对象	塌岸强烈程度	危险性等级
位于正常水位影响带内的松散堆积库岸，地形高陡，水库蓄水引发的可能性大	可能影响主要建筑物安全，危及较大村镇、重要交通干线、主要电力通信、工业设施及良田、重要林区	强烈	大
		较强烈	大
		轻微	中等
胶结中等、密实度较好的土质岸坡和风化破碎的岩质岸坡，地形较陡，水库蓄水引发塌岸可能性中等	可能影响建筑物安全，危及交通线、电力通信、工业设施和居民区	强烈	大
		较强烈	中等
		轻微	中等
新近成岩的软岩岸坡和胶结较好的土质和砂砾石岸坡，岸坡地形接近水下休止角，水库蓄水引发塌岸的可能性小	塌岸可能影响农田、林地	强烈	中等
		较强烈	中等
		轻微	小

表 27 塌岸强烈程度分级表

塌岸强烈程度	塌岸规模
强烈	塌岸上边界高程大于建设最低基准线高程,宽度大于20 m
较强烈	塌岸上边界高程大于建设最低基准线高程,宽度小于20 m
轻微	塌岸上边界高程小于建设最低基准线高程

7.3 水利水电建设工程自身可能遭受地质灾害危险性预测评估

7.3.1 确定水利水电建设项目自身可能遭受地质灾害的危险性,应按照各类地质灾害发展趋势及对项目的危害程度分别进行预测评估,并按表28进行预测评估。

表 28 水利水电工程遭受地质灾害危险性预测评估分级

建设工程遭受地质灾害的可能性	危害程度	易发程度	危险性等级
建设工程位于地质灾害影响范围内,遭受地质灾害的可能性大	大	强	大
		中等	大
		弱	中等
建设工程邻近地质灾害影响范围,遭受地质灾害的可能性中等	中等	强	大
		中等	中等
		弱	中等
建设工程位于地质灾害影响范围外,遭受地质灾害的可能性小	小	强	中等
		中等	中等
		弱	小

7.3.2 根据水利水电工程重要性等级、崩塌体稳定性、崩塌体规模和水工建筑物的关系,按表29对工程自身遭受崩塌灾害的危险性进行预测评估。

表 29 水利水电工程遭受崩塌灾害危险性分级表

危险性	水利水电工程重要性	崩塌体稳定性	崩塌体规模	崩塌体离危害对象高度/m	备注
大	重要	极差、差	不限	≥50	
	较重要	极差	大型、中型	15~50	
中	重要	极差、差	不限	≤15	根据坡体表面特征、植被发育情况,对危险性分级可适当调整
		较差	不限	15~50	
	较重要	极差	大型、中型	<15	
		较差、差	大型、中型	15~50	
			小型	≥50	
	一般	极差	大型、中型	≥50	

表 29 水利水电工程遭受崩塌灾害危险性分级表（续）

危险性	水利水电工程重要性	崩塌体稳定性	崩塌体规模	崩塌体离危害对象高度/m	备注
小	较重要	极差	不限	<15	根据坡体表面特征、植被发育情况，对危害性分级可适当调整
		较差、差	大型、中型	15～50	
			小型	≥50	
	一般	不限	大型、中型	<50	
			小型	不限	

7.3.3 应根据水利水电工程自身遭受滑坡灾害的可能性、危害程度和稳定性，按表 28 对工程自身遭受滑坡灾害的危险性进行预测评估。水利水电工程遭受滑坡灾害的可能性可按表 30 进行分级。

表 30 拟建工程遭受滑坡灾害的可能性分级表

可能性	特点
大	拟建水利水电工程引发滑坡灾害的可能性大，遭受滑坡危害程度高，大型滑坡体处于不稳定—欠稳定状态
中	工程引发滑坡灾害的可能性中等，遭受滑坡危害程度中等，小型或中型滑坡体处于欠稳定—基本稳定状态
小	工程引发滑坡灾害的可能性小，遭受滑坡危害程度低，滑坡体处于基本稳定—稳定状态

7.3.4 应根据水利水电工程与泥石流的位置关系、可能受到的危害范围与险情，按表 31 对工程自身遭受泥石流灾害的危险性进行预测评估。泥石流危险区域按表 32 确定。

表 31 水利水电工程遭受泥石流灾害的危险性预测分级表

水利水电工程所处地段	水利水电工程受危害的范围与险情	危险性
处在泥石流冲淤必经之地的高危险区域	全部或大部分，险情大	大
处在泥石流冲淤内的危险区域	部分，险情中等	中
处在泥石流影响区域或外围的安全区域	无，险情小	小

表 32 泥石流（沟谷）危险区域划分表

区域名称	主要地貌部位
高危险区域	上游区段的沟（河）道内、坡脚下及不稳定斜坡处；沟（河）道的漫滩、一级阶地（高出河床不足 3 m）、河（沟）谷的凹岸及凸岸的低处（高于河床不足 3 m）；沟口地带及其他行洪区域
危险区域	沟（河）谷两侧的一、二级阶地或老泥石流堆积体的较低处（高出河床 3 m～10 m）；河谷凹岸的较高处（高于河床 5 m～10 m）及凸岸的较低处（高于河床 3 m～15 m）；沟口外且距离沟口较近的区域地段
影响区域	沟（河）谷两侧阶地或老泥石流堆积体的较高处（高出河床 10 m～20 m）；凸岸的较高处（高于河床 15 m 以上）；沟口外的下游地段，受洪水的影响
安全区域	沟口外上游非泥石流流经地带，远离沟口堆积地带的下游，且为非行洪区域（距离大于 1 000 m）

7.3.5 根据采空区的稳定性及变形特点,评估水工建筑物变形毁坏、水库渗漏、库水位变动和可能产生的险情,按表33预测工程建设遭受采空塌陷的可能性,并按表28对水利水电工程遭受采空塌陷的危险性进行预测评估。

表33 水利水电工程遭受采空塌陷的危害可能性

可能性	描述
大	1. 浅部缓倾斜矿层采空面积大于拟建水利水电工程的2/3,且采空厚度大于2.5 m(法向厚度)的地段;浅部急倾斜矿层采空厚度超过3 m(法向厚度)。 2. 现采空区及未来采空区开采中的特殊地段;在开采过程中可能出现非连续变形的地段;地表移动活跃的地段;特厚矿层和倾角大于55°的厚层露头地段;由于地表移动和变形引起边坡失稳和山崖崩塌的地段;矿层开采后有诱发泥石流的地段。现采空区、未来采空区及老采空区地表变形符合下列标准:地表倾斜大于10 mm/m,地表曲率大于0.6 mm/m² 或地表水平变形大于6 mm/m的地段。 3. 水利水电工程建设遭受采空塌陷危害且防治难度大的地段
中	1. 浅部缓倾斜矿层采空区面积不大于拟建场区的2/3;浅部急倾斜矿层采空厚度不大于3 m(法向厚度)。 2. 现采空区、未来采空区及老采空区地表变形符合:地表倾斜 3 mm/m～10 mm/m,地表曲率0.2 mm/m²～0.6 mm/m² 或地表水平变形2 mm/m～6 mm/m的地段。 3. 水利水电工程建设有遭受采空塌陷危害的可能,需要专门防治,防治难度中等
小	1. 浅部无采空区;采空区不具备发生采空塌陷的条件。 2. 现采空区、未来采空区及老采空区地表变形符合:地表倾斜小于3 mm/m,地表曲率小于0.2 mm/m² 或地表水平变形小于2 mm/m的地段。 3. 水利水电工程建设遭受采空塌陷危害的可能性小

注1:对于"大","1"～"3"中任何一条符合,应定为"大";对于"小","1"～"3"均满足,定为"小";对于"中",符合一条,但不符合"大"任何一条规定,定为"中"。
注2:表中地表变形参数应根据实测数据进行计算,对于缺失地表变形资料的,可根据理论计算或地表调查结果综合分析确定。

7.3.6 根据岩溶塌陷的稳定性及变形特点,评估水工建筑物变形损坏、水库渗漏、库水位变动和可能产生的险情,按表34确定水利水电工程遭受岩溶塌陷危害的可能性大小,按表28对水利水电工程遭受岩溶塌陷的危险性进行预测评估。

表34 水利水电工程遭受岩溶塌陷危害的可能性分级表

	因素指标	4	3	2	1
A	岩溶发育程度	岩溶发育强烈		岩溶发育中等	岩溶发育微弱
S	覆盖层岩性结构	底部为砂砾石	均一砂土,双层或多层结构	双层或多层黏性土——砂砾石	均一黏性土
H	覆盖层厚度/m	≤5	5～30	30～60	>60
W	地下水水位/m	≤5m,在基岩面附近波动	5 m～10 m,在基岩面或在土层中波动	>10 m,在土层中,<10 m 在基岩中	>10 m,在基岩中
F	地下水径流条件	主径流带、排泄带		潜水带	径流区

表34 水利水电工程遭受岩溶塌陷危害的可能性分级表（续）

因素指标		4	3	2	1
D	地貌类型	岩溶盆地、洼地、谷地、低阶地		岩溶丘陵、缓坡、台地、高阶地	岩溶斜坡
岩溶地面塌陷预测指标判别值（N）		≥20	15～20	10～15	<10
岩溶塌陷的易发性		极易发	高易发	中易发	低易发
遭受岩溶塌陷危害的可能性		可能性大		可能性中等	可能性小

注：$N=A+S+H+W+F+D$。

7.3.7 按表35确定水利水电工程建设自身可能遭受地裂缝危害的可能性，按表28对水利水电工程遭受地裂缝灾害的危险性进行预测评估。

表35 地裂缝发生可能性

可能性	特点
大	有活动断裂通过，第四系厚度变化大，地层岩性复杂，地面沉降发育强烈
中	第四系厚度变化大，地层岩性复杂，地面沉降发育强烈
小	第四系厚度变化较大，地层岩性较复杂，地面沉降发育中等

7.3.8 有地面沉降危害的场地，可根据地质、水文和人为活动等影响地面沉降发育程度的因素，按表36确定水利水电工程自身遭受地面沉降灾害的可能性，按表28对水利水电工程遭受地面沉降灾害的危险性进行预测评估。

表36 水利水电工程遭受地面沉降灾害的可能性分级表

条件	影响因素		权重/τ_i	分值（σ_i）			
	序号/i	指标		一级	二级	三级	四级
				10	6	3	1
地质	1	软土层厚度/m	20	≥30	30～20	20～10	<10
	2	松散层厚度/m	15	≥300	300～200	200～100	<100
水文	3	含水层数量/个	25	3	3～2	2～1	1或缺失
	4	含水层总厚度/m	15	≥60	60～30	30～10	<10
人为活动	5	地下水开采强度/×10^4 $m^3 \cdot a^{-1} \cdot km^{-2}$	15	≥5	5～3	3～1	<1
	6	地面沉降迹象或多年平均沉降速率/$mm \cdot a^{-1}$	10	≥40	40～20	20～5	<5

表36 水利水电工程遭受地面沉降灾害的可能性分级表（续）

影响因素				分值(σ_i)			
条件	序号(i)	指标	权重τ_i	一级 10	二级 6	三级 3	四级 1
		地面沉降易发程度（A）		≥600 高易发	300～600 中易发	100～300 低易发	<100 不易发
水利水电工程遭受地面沉降灾害的可能性				大	中	小	

注1：地面沉降易发程度综合值 A 按下式计算：$A = \sum_{i=1}^{6} \sigma_i \cdot \tau_i$。

注2：σ_i、τ_i 分别为地面沉降 i 项影响因素相应的标度分值和相应的权重，按表36取值。

8 地质灾害危险性综合评估及建设用地适宜性评价

8.1 一般规定

8.1.1 综合评估应依据地质灾害危险性现状评估和预测评估结果，充分考虑评估区地质环境条件的差异和潜在地质灾害隐患点的分布、危害程度以及不同灾种之间的相互联系和影响。

8.1.2 地质灾害危险性等级分区应根据"区内相似，区际相异"的原则，采用定性、半定量分析法，进行危险性等级分区（段）。

8.1.3 建设用地的适宜性应根据地质灾害危险性、防治难度和防治效益等因素综合进行评估，提出防治地质灾害的措施和建议。

8.2 综合评估方法

8.2.1 在地质灾害危险性现状评估和预测评估基础上，采用定性、半定量、定量的分析法，对地质灾害的危险性进行综合评估。

8.2.2 应充分考虑施工期和运行初期时段内地质灾害分布区环境条件的变化，分析判定引发或加剧新的地质灾害类型及可能的险情。

8.2.3 应根据运行期工程特点，分析工程运行引起地质环境条件的变化，判断工程自身遭受已有及次生地质灾害的可能性与险情。

8.2.4 水库区地质灾害综合评估，应充分考虑水库消落水位变化对地质灾害稳定性的影响以及灾害机理转异的可能性，按预测评估结果确定。

8.2.5 危险性综合评估级别应以现状和预测评估结果为基础，当评估区只存在单一灾种时，按该灾种对评估区的危险性划分等级；当评估区存在多灾种时，危险性及综合分区评估结论应采取就高不就低的原则确定。

8.3 综合分区评估

8.3.1 综合评估应按评估区遭受和引发地质灾害类型、规模、稳定性和承灾对象等，分区（段）判定地质灾害危险性等级，对建设用地进行综合分区评估。

8.3.2 地质灾害类型分区应充分考虑"相同相似"原则。当地质条件、坡高、坡度、岩土体条件相似时，则其稳定性相当，威胁对象相当，可归并为一个区。

8.3.3 对于人工边坡工程区,当地质条件、周边环境、人为活动等因素"类同"时,可合并。
8.3.4 不同灾种危险性相近可归并为同级,但不能跨级归并。
8.3.5 根据地质灾害对水利水电工程和相邻建(构)筑物的危害程度和可能的损失大小进行评估,按表37确定地质灾害危险性分区。

表37 地质灾害危险性分区表

危险性分区	地质灾害危害程度
危险性大区	建设用地范围内地质灾害或地质灾害隐患点对拟建、在建工程构成直接危害或威胁,严重影响施工和生产运营,必须进行专项治理才能解除或减轻危害,防治难度大。地质灾害可能造成的损失大、发生地质灾害的可能性大,危害程度大
危险性中等区	建设范围内由于工程建设诱发或加剧地质灾害对施工道路和水库运行产生危害,必须治理才能解除或减轻危害,防治难度中等。地质灾害可能造成的损失中等、发生地质灾害的可能性较大,危害程度中等
危险性小区	工程区范围内不存在地质灾害或是有地质灾害分布,对拟建、在建工程不构成危害或危害轻微,且防治措施简单或不需要防治,防治难度小。地质灾害可能造成的损失小、发生地质灾害的可能性小,危害程度小

8.4 建设用地适宜性评价

8.4.1 建设用地适宜性分级应根据综合分区评估结论,结合防治难易程度和效益等因素综合确定。
8.4.2 水利水电工程建设用地的适宜性分级,应按表38划分为适宜、基本适宜和适宜性差三级。

表38 建设用地适宜性分级表

级别	分级说明
适宜	建设用地范围地质环境复杂程度简单,水利水电工程建设遭受地质灾害危害的可能性小,引发、加剧地质灾害的可能性小,危险性小,防治工程简单或基本不需要防治、防治难度不大,且易于处理
基本适宜	不良地质现象中等发育,地质环境条件较简单,水利水电工程建设遭受地质灾害危害的可能性中等,引发、加剧地质灾害的可能性中等,危险性中等,可采取适当防治措施予以处理;工程建设遭受地质灾害危害的可能性大,引发地质灾害的可能性大,危险性大,但易于消除,防治工程较简单,费用低
适宜性差	地质灾害发育强烈,地质环境条件复杂,水利水电工程建设遭受地质灾害危害的可能性大,引发、加剧地质灾害的可能性大,危险性大,防治工程技术复杂或防治经费特别大

8.5 防治措施选择原则

8.5.1 应在查明各种地质灾害特征的基础上,按"安全可靠、技术可行、经济合理、保护环境"的原则选用防治措施,既要有针对性,又要有可操作性。
8.5.2 对地质灾害的防治建议应有针对性,若防治难度大、危险性大的地质灾害,提出避让措施或调整设计方案或另选场址等。
8.5.3 对于大型和巨型滑坡无法对其进行增稳加固,只能采取以避免或减少损失为目的的非常规处理措施,在设计时应对其破坏形式和失稳风险作特殊研究分析。

8.5.4 可提出地质灾害监测系统及预报预警系统评估建议,或制定地质灾害应急及处置预案。

9 成果提交

9.1 一般规定

9.1.1 水利水电工程地质灾害危险性评估成果以文字、表格、图件和图片相结合的形式表达。

9.1.2 对原始资料应进行整理、检查,确认无误后方可使用。

9.1.3 评估成果的文字、图表、术语、代号、符号、数字、计量单位、标点均应符合中国地质灾害防治工程行业协会编制的《地质灾害防治基本术语(试行)》《地质灾害防治工程图示图例标准(试行)》的有关规定。

9.1.4 评估成果应真实可靠、数据无误、图表清晰、重点突出、结论有据,建议合理、措施可行。

9.2 地质灾害危险性评估报告

9.2.1 应在调查和综合分析资料的基础上编写《水利水电工程建设用地地质灾害危险性评估报告》。

9.2.2 评估工作概述主要阐述水利水电工程概况、主要建筑物布置、以往工作程度、工作方法及工作量、评估范围和评估级别。

9.2.3 地质环境条件主要包括评估区及附近的气象与水文、地形地貌、地层岩性、地质构造、地震、岩土体类型及工程地质性质、水文地质及人类工程活动影响等。

9.2.4 地质灾害类型应包括评估区内已发生和潜在的灾害种类、数量、分布、规模、灾害损失大小等。

9.2.5 地质灾害危险性现状评估应阐述地质灾害类型和危险性现状,并按灾种分别论述危险性现状等级。

9.2.6 地质灾害危险性预测评估应阐述水利水电工程建设中、建设后可能引发或加剧地质灾害的危险性,以及工程自身可能遭受地质灾害的危险性。

9.2.7 地质灾害危险性综合评估应论述综合评估原则、评估指标的选定和综合分区,对建设用地的适宜性做出评价。

9.2.8 应提出地质灾害的防治措施建议。

9.2.9 结论与建议主要是对所评估的结论进行表述,同时围绕评估结果,有针对性地提出地质灾害的防治建议。

9.3 地质灾害危险性评估成果图件基本要求

9.3.1 地质灾害危险性评估成果图件应包括评估区地质灾害分布图、地质灾害危险性综合分区评估图以及其他需要的专项图件。

9.3.2 各类图件应符合中国地质灾害防治工程行业协会编制的《地质灾害防治工程图示图例标准(试行)》及相关的行业有关标准的规定。

9.3.3 评估区地质灾害分布图应以评估区内地质灾害形成发育的地质环境条件为背景,主要反映地质灾害类型、特征和分布规律,并应符合以下规定:

    a) 比例尺应根据评估级别和精度要求,按本规程执行。

    b) 平面图内容应包括:

1) 按规定的素色表示简化的地理、行政区划要素。
   2) 以面状普染色表示岩土体工程地质类型。
   3) 采用不同颜色的点、线符号表示地质构造、地震、水文地质和水文气象要素。
   4) 采用不同颜色的点状或面状符号表示各类地质灾害点的位置、类型、成因、规模、稳定性、危险性等。
   c) 镶图与剖面图中对于有特殊意义的影响因素,可在平面图上附全区或局部地区的专门性镶图;如降水等值线图、全新世活动断裂与地震震中分布图等,同时宜附区域性地质图、构造纲要图。
   d) 大型、典型地质灾害说明表中用表的形式辅助说明平面图的有关内容。表的内容包括地质灾害点编号、地理位置、类型、规模、形成条件与成因、危险性与危害程度、发展趋势等。

9.3.4 地质灾害危险性综合分区评估图主要反映地质灾害危险性综合分区评估结果和防治措施,并应符合以下规定:
   a) 平面图内容主要有包括以下5项。
   1) 按规定的素色表示简化地理要素和行政区划要素。
   2) 采用不同颜色的点状、线状符号分门别类的表示建设项目工程部署和已建的重要工程。
   3) 采用面状普染颜色表示地质灾害危险性三级综合分区。
   4) 以代号表示地质灾害点(段)防治分级,分级可划分为重点防治点(段)、次重点防治点(段)、一般防治点(段)。
   5) 采用点状符号表示地质灾害点(段)防治措施一般可分为避让措施、生物措施、工程措施、监测预警措施。
   b) 综合分区(段)说明表的内容主要包括危险性级别、区(段)编号、工程地质条件、地质灾害类型与特征、发育强度与危害程度、防治措施建议等。

9.3.5 应附大型、典型地质灾害点的照片和潜在不稳定斜坡、边坡的工程地质剖面图等。

9.3.6 地质灾害危险性评估文字报告内宜附有交通位置图、工程建设平面布置图、地质图、地质构造图、工程地质分区图、水文地质图。

附 录 A
（规范性附录）
水利水电工程边坡分级和稳定安全系数标准

A.1 边坡分类

水利水电工程的开挖边坡主要有：(闸)坝枢纽区开挖边坡、基坑边坡、厂房边坡、洞室进出口边坡、高填方边坡、渠系边坡、抽水蓄能工程上下库盆边坡、坝前及近坝库岸边坡，以及水利水电工程开挖形成的其他边坡。

A.1.1 为满足水利水电工程地质灾害危险性评估实际需要，边坡可按表 A.1 进行分类。

表 A.1 水利水电工程边坡一般分类表

分类依据	分类名称	分类特征说明
成因类型	自然边坡	天然存在由自然营力形成的边坡
	工程边坡	经人工改造形成的或受工程影响的边坡
组成物质	岩质边坡	由岩体组成的边坡
	土质边坡	由土体或松散堆积物组成的边坡
	岩土混合边坡	由岩体和土体组成的边坡
坡体结构	顺向坡	层状结构面平行河谷倾向岸外
	反向坡	层状结构面平行河谷倾向岸里
	横向坡	层状结构面与河谷正交倾向上游或下游
	斜向坡	层状结构面与河谷斜交倾向上游或下游
	水平层状坡	层状结构面为水平产状
与建筑物的关系	建筑物地基边坡	必须满足稳定和有限变形要求
	建筑物周边边坡	必须满足稳定要求的边坡
	水库或河道边坡	要求稳定或允许有一定限度破坏的边坡
存在时间	永久边坡	工程寿命期内需保持稳定的边坡
	临时边坡	施工期需保持稳定的边坡
边坡坡高	特高边坡	坡高大于 300 m
	超高边坡	坡高 100 m～300 m
	高边坡	坡高 30 m～100 m
	中边坡	坡高 10 m～30 m
	低边坡	坡高小于 10 m

A.1.2 岩质边坡按岩体结构可分为块状结构、层状结构、碎裂结构、散体结构等，层状结构还可分为层状同向结构、层状反向结构、层状横向结构、层状斜向结构、层状平叠结构等。岩质边坡根据结构按表 A.2 进行分类。

表 A.2 水利水电工程岩质边坡结构分类表

边坡结构		岩石类型	岩体特征	边坡稳定特征
块状结构		岩浆岩、中深变质岩、厚层沉积岩、厚层火山岩	结构面不发育,多为硬性结构面,软弱面较少	边坡破坏以崩塌和块体滑动为主,稳定性受断裂结构面控制
层状结构	层状同向结构	各种层厚的沉积岩、层状变质岩、多轮回喷发火山岩	边坡与层面同向、走向夹角一般小于30°,层面裂隙或层间错动带发育	切脚坡易发生滑动破坏,插入坡在岩层较薄倾角较陡时易发生溃屈破坏。层面、软弱夹层或顺层结构面常形成滑动面
	层状反向结构		边坡与层面反向、走向夹角一般小于30°,层面裂隙或层间错动带发育	岩层较陡时易发生倾倒破坏,千枚岩或薄层状岩石表层倾倒比较普遍。抗滑稳定性好,稳定性受断裂结构面控制
	层状横向结构		边坡与层面走向夹角一般大于60°,层面裂隙或层间错动带发育	边坡稳定性好,稳定性受断裂结构面控制
	层状斜向结构		边坡与层面走向夹角一般大于30°、小于60°,层面裂隙或层间错动带发育	边坡稳定性较好,斜向同向坡一般在浅表层易发生楔形体滑动,稳定性受顺层结构面与断裂结构面组合控制
	层状平叠结构		岩层近水平状,多为沉积岩,层间错动带一般不发育	边坡稳定性好,沿软弱夹层可能发生侧向拉张或流动
碎裂结构		一般为断层构造岩带、劈理带、裂隙密集带	断裂结构面或原生节理、风化裂隙发育,岩体较破碎	边坡稳定性较差,易发生崩塌、剥落,抗滑稳定性受断裂结构面控制
散体结构		一般为断层未胶结的破碎带、全风化带、松动岩体	由岩块、岩屑和泥质物组成	边坡稳定性差,易发生弧面型滑动和沿其底面滑动

A.1.3 按土体结构及土质属性边坡可分为黏性土边坡、砂性土边坡、黄土边坡、软土边坡、膨胀土边坡、碎石土边坡、岩土混合边坡等。土质边坡按表 A.3 分类。

表 A.3 水利水电工程土质边坡分类表

边坡类型	基本特征	边坡稳定特征
黏性土边坡	以黏土颗粒为主,一般干时坚硬开裂,遇水膨胀崩解,干湿效应明显。某些黏土具大孔隙性;某些黏土甚坚固;某些黏土呈半成岩状,但含可溶盐量高;某些黏土具有水平层理	影响边坡稳定的主要因素有:矿物成分,特别是亲水、膨胀、溶滤性矿物含量;节理裂隙的发育状况;水的作用;冻融作用。主要变形破坏形式有:滑动;因冻融产生剥落、坍塌
砂性土边坡	以砂性土为主,结构较疏松,黏聚力低为特点,透水性较大,包括厚层全风化花岗岩残积层	影响边坡稳定的主要因素有:颗粒成分及均匀程度;含水情况;振动;外水及地下水作用;密实程度。饱和含水的均质砂性土边坡,在振动力作用下易产生液化滑动;其他变形破坏形式主要有管涌、流土、坍塌、剥落

表 A.3 水利水电工程土质边坡分类表（续）

边坡类型	基本特征	边坡稳定特征
黄土边坡	以粉粒为主，质地均一。一般含钙量高，无层理，但柱状节理发育，天然含水量低，干时坚硬，部分黄土遇水湿陷；有些呈固结状，有时呈多元结构	边坡稳定主要受水的作用，因遇水湿陷，或水对边坡浸泡，水下渗使下垫隔水黏土层泥化等。主要变形破坏形式有崩塌、张裂、湿陷和滑坡等
软土边坡	以淤泥、泥炭、淤泥质土等抗剪强度极低的土为主，塑流变形严重	易产生滑坡、塑流变形、坍塌，边坡难以成形
膨胀土边坡	具有特殊物理力学特性，因富含蒙脱石等易膨胀矿物，内摩擦角很小，干湿效应明显	干湿变化和水的作用对此类边坡稳定影响较大。易产生浅层滑坡和浅层崩解
碎石土边坡	由坚硬岩石碎块和砂土颗粒或砾质土组成的边坡，可分为堆积、残坡积混合结构、多元结构	边坡稳定受黏土颗粒的含量及分布特征、坡体含水情况及下伏基岩面产状影响较大。易产生滑坡或坍塌
岩土混合边坡	边坡上部为土层，下部为岩层，多层叠置	下伏基岩面产状、水对土层浸泡以及水渗入土体对此类边坡稳定影响较大。易产生沿下伏基岩面的土层滑动、土层局部坍塌以及上部岩体沿土层蠕动或错落

A.2 边坡稳定性分类

A.2.1 按边坡的稳定状态，分为稳定边坡、潜在不稳定边坡、变形边坡、不稳定边坡、失稳后边坡。边坡稳定状态按表 A.4 分类。

表 A.4 边坡的稳定状态分类表

分类依据	分类名称	分类特征说明
稳定状态	稳定边坡	已经或未经处理能保持稳定和有限变形的边坡
	潜在不稳定边坡	有明确不稳定因素存在但暂时稳定的边坡
	变形边坡	有变形或蠕变迹象的边坡
	不稳定边坡	处于整体滑动状态或时有崩塌的边坡
	失稳后边坡	已经发生过滑动或大位移的边坡
发展阶段	初始稳定边坡	边坡形成后处于稳定状态的边坡
	初始变形边坡	初次进入变形状态或渐进破坏的边坡
	二次变形边坡	失稳后再次或多次进入变形状态的边坡

A.2.2 按边坡变形破坏的方式分为滑动、蠕变和流动。边坡变形破坏方式按表 A.5 分类。

表 A.5 边坡变形破坏分类表

变形破坏类型		变形破坏特征
崩塌		边坡岩体坠落或滚动
滑动	平面型	边坡岩体沿某一结构面滑动
	弧面型	散体结构、碎裂结构的岩质边坡或土质边坡沿弧形滑动面滑动
	楔形体	结构面组合的楔形体,沿滑动面交线方向滑动
蠕变	倾倒	反倾向层状结构边坡,表部岩层逐渐向外弯曲、倾倒
	溃屈	层状同向结构边坡,岩层倾角与坡角大致相似,边坡下部岩层逐渐向外鼓起,产生层面拉裂和脱开,继续发展可发生后缘顺层前缘切层的滑动
	侧向拉张	双层结构的边坡,下部软岩产生塑性变形或流动,使上部岩层发生扩展、移动张裂和下沉
流动		崩塌碎屑类堆积向坡脚流动形成碎屑流

A.3 水利水电工程边坡安全级别

A.3.1 划分依据

根据水利水电边坡的类别、安全级别并突出与工程的关系以及边坡变形与稳定要求,可将边坡划分为三级。划分三级的依据是:

Ⅰ级:必须满足稳定性和有限度变形要求的边坡,主要为影响1级水工建筑物的边坡,以及除大坝以外的建筑物边坡、岸边引水或泄水建筑物边坡、通航建筑物边坡以及其他重要建筑物和移民住宅地基边坡、拱坝抗力体受力范围以外边坡等;坝前边坡、有城镇建筑的水库边坡、抽水蓄能水库边坡、特殊交通干线边坡。

Ⅱ级:必须满足稳定性要求、但是对变形无特定要求的边坡,一般为2、3级水工建筑物周边或邻近边坡。包括大坝、厂房、引水和泄水建筑物,送、变电建筑物以及交通道路、移民居住区、施工临时建筑物和施工场地等,其周边或邻近边坡不得发生塌滑崩落等失稳事故。

Ⅲ级:允许有限度破坏的边坡,此类边坡一般为水库、河谷或沟壁岸坡。在水电工程施工和运行后,因环境因素的变化,如库水位抬升和地下水位壅高、挑流泄洪雨雾作用等,将导致边坡或岸坡失去原有平衡,发生水库坍岸、滑坡和泥石流等。

A.3.2 水利水电工程边坡的类别

按其所属枢纽工程等级、建筑物级别、边坡所处位置、边坡重要性和失事后的危害程度,按表A.6划分边坡类别。

表 A.6 水利水电工程边坡分类

级别	类别		
	A类 枢纽建筑物区边坡	B类 水库区边坡	C类 其他边坡
Ⅰ级	影响1级水工建筑物的边坡	滑坡产生危害性涌浪或滑坡灾害可能危及1级建筑物安全的边坡	特殊情况,如重要交通干线边坡
Ⅱ级	影响2、3级水工建筑物的边坡	可能发生滑坡并危及2、3级建筑物安全的边坡	重要建筑物、交通线和居民区边坡
Ⅲ级	影响4、5级水工建筑物的边坡	要求整体稳定而允许部分失稳或缓慢滑落的边坡	一般边坡

注1:枢纽工程区边坡失事仅对建筑物正常运行有影响而不危害建筑物安全和人身安全的,经论证后该边坡级别可以降低一级。
注2:水库滑坡或潜在不稳定岸坡属于蠕变破坏类型,通过安全监测可以预测预报其稳定性变化,并能够采取措施对其失稳进行防范的,该边坡或滑坡体级别可以降低一级或两级。

A.4 边坡稳定安全系数

A.4.1 根据水利水电工程边坡的类别和安全级别,边坡设计安全系数按表 A.7 确定。

表 A.7 水利水电工程边坡设计安全系数表

级别	类别								
	A类 枢纽建筑物区边坡			B类 水库区边坡			C类 其他边坡		
	持久工况	短暂工况	偶然工况	持久工况	短暂工况	偶然工况	持久工况	短暂工况	偶然工况
Ⅰ级	1.30～1.25	1.20～1.15	1.10～1.05	1.25～1.15	1.15～1.05	1.05	1.25～1.15	1.15～1.05	≤1.05
Ⅱ级	1.25～1.15	1.15～1.05	1.05	1.15～1.05	1.10～1.05	1.05～1.00	1.15～1.05	1.10～1.05	1.05～1.00
Ⅲ级	1.15～1.05	1.10～1.05	1.00	1.10～1.00	1.05～1.00	≤1.00	1.10～1.00	1.05～1.00	≤1.00

附 录 B
（资料性附录）
水库滑坡的滑速计算和涌浪预测分析方法

B.1 基本规定

B.1.1 对于库区滑坡失稳可能影响城镇、居民区、厂矿企业及交通干道等，应进行滑坡运动形式分析、滑速计算和涌浪分析。

B.1.2 水库滑坡滑速计算和涌浪分析应在水库工程地质勘察和稳定计算的基础上进行。

B.1.3 应根据稳定计算结果，判定滑坡可能破坏模式以及是否为高速滑坡。

B.1.4 判定为高速滑坡，稳定性系数明显小于1时，应进行滑坡运动形式分析、滑速计算和涌浪分析。

B.1.5 对于近坝库岸滑坡和高陡岸坡，在稳定性系数明显小于1时，应进行滑坡运动形式分析、滑速计算和涌浪分析。

B.2 滑坡的运动形式分析及滑速计算

B.2.1 滑坡运动形式分析应划分滑坡类型，预测滑坡破坏过程和滑体运动形式。

B.2.2 对滑动破坏边坡应划分主滑面和次滑面，以极限平衡方法计算滑体的稳定性系数，预测解体滑动破坏的可能性和各部位滑动的先后顺序、堆积方式，预测一次性最大滑动方量。

B.2.3 滑速计算方法一般应选择两种以上方法计算。

B.2.4 对重要滑坡宜辅以有限单元或其他块体运动分析等，分析并预测滑坡破坏运动形式。

B.2.5 对于库岸较大滑坡体，应分析预测滑速和运动距离。

B.3 滑坡涌浪分析

B.3.1 水库区大型不稳定高速滑坡，应选取代表性的滑坡地质剖面，进行合理的简化和假设，进行涌浪分析。

B.3.2 滑坡涌浪分析方法有解析估算法、数值分析法和模型试验法。

B.3.3 滑坡产生的体积涌浪或高速滑坡产生的冲击涌浪应采取不同的涌浪计算方法；同一滑坡应采取相同的参数和一种或两种以上的计算方法进行对比分析，确定涌浪高度。

B.3.4 在进行涌浪估算时，应选取不同的库水位，以最不利库水位预测沿河道直至坝前可能形成的涌浪高度和浪爬高度，确定涌浪高度。

B.3.5 根据所获取的首浪成果，按照河道形态、库面宽度、时程等，估算坝顶浪高，评估滑坡涌浪对水工建筑物的影响程度。

附 录 C
（资料性附录）
坝下游泄洪雾化影响范围的确定

C.1 坝下游消能区的滑坡经受泄洪雾化的作用，可使滑体内水位迅速升高，远超过其可能经受过的当地天然暴雨考验，对稳定性是一种诱发性因素。特别是干旱、干燥地区，泄洪雾化对滑边坡的影响更大。

C.2 寒冷地区如在冬季泄洪，会造成滑边坡内充水成冰，发生冻胀作用，而春季的冰融又引起冻融作用，降低滑坡的稳定性，甚至造成破坏。

C.3 泄洪雾化范围、分区评价方法应符合下列要求：
  a) 估算雾化的影响范围，查明该范围内存在的地质灾害类型及可能发生失稳的岩土体。
  b) 查明雾化区中滑坡体的结构特征、边界条件和失稳破坏模式。
  c) 分析雾化降雨强弱对岸坡稳定性影响程度，进行滑坡稳定性分析。
  d) 挑射水流的雾化强度和范围可按表C.1～表C.3执行，也可参考已建工程原型观测资料进行类比确定。
    1) 各级降雨雾化强度分区标准可按表C.1估算。

表 C.1 各级降水的 24 h 及 1 h 相应降水量

单位：mm

级别	微雨	小雨	中雨	大雨	暴雨	大暴雨	特大暴雨
24 h 降水量	<0.1	0.1～10.0	10.0～25.0	25.0～50.0	50.0～100.0	100.0～200.0	≥200.0
1 h 降水量	<0.1	0.1～2.0	2.0～5.0	5.0～10.0	10.0～20.0	20.0～40.0	≥40.0

   2) 雾化浓度和降水强度分区标准可按表C.2估算。

表 C.2 雾化浓度及降雨强度分区

序号	分区	雨强 $q/\mathrm{mm} \cdot \mathrm{h}^{-1}$	防护措施
Ⅰ	水舌裂散及激溅区（特大暴雨）	$q>40$	混凝土护坡，设马道、排水沟
Ⅱ	浓雾暴雨区（大暴雨—暴雨）	$40 \geqslant q > 10$	混凝土护坡或喷混凝土，设马道、排水沟
Ⅲ	薄雾降雨区（大雨—中雨）	$10 \geqslant q > 2.1$	边坡不需要防护，但电器设备需要防护
Ⅳ	浓雾水汽漂散区（小雨以下）	$q \leqslant 2.1$	不需防护

   3) 泄洪雾化范围可按表C.3中公式估算。

表 C.3 泄洪雾化范围估算表

浓雾区		薄雾及淡雾区	
纵向范围	$L_1=(2.2\sim3.4)H\text{(m)}$	纵向范围	$L_2=(5.0\sim7.5)H\text{(m)}$
横向范围	$B_1=(1.5\sim2.0)H\text{(m)}$	横向范围	$B_2=(2.5\sim4.0)H\text{(m)}$
高度	$T_1=(0.8\sim1.4)H\text{(m)}$	高度	$T_2=(1.5\sim2.5)H\text{(m)}$
注：H 为最大坝高。			

C.4 滑坡体渗流场特征分析可参考下列内容。

C.4.1 雾化雨强度最大的暴雨区首先出现暂态饱和区并抬高附近岸坡浅层的地下水位，随着雾化雨入渗的进行，暂态饱和区的范围在不断扩大。对于岩质和土质边坡、雾化雨入渗引起的暂态饱和区和地下水位升高区主要位于表层或浅层风化带内。对于滑坡、崩塌、碎裂结构和散体结构边坡，可将滑坡体视为散体介质（似连续介质），透水性较好，雾雨从滑体表面入渗，在滑体内形成统一潜水面，并在一定深度范围内形成暂态饱和区。

C.4.2 根据泄洪雨雾预测结果确定边界条件，即假设雾雨上升高度、雨强、河水位为定水头边界。可采用有限元法，根据不同层位计算渗透系数选值，分析最不利雾雨条件下滑体内渗流场特征。

C.5 雾雨条件下滑坡的稳定性分析可根据雾雨影响范围及雨强，采用数值计算方法计算雾雨入渗条件下的滑体渗流场特征，分析滑体内地下水的分布，获取浸润曲线及暂态饱和区的形态；采用与自然状态下稳定性评价相同的极限平衡计算方法，分析雨雾作用下的滑坡稳定性，预测其发展演化趋势。

C.6 滑坡稳定性的雾雨敏感性分析主要考虑雾雨作用范围和强度的不确定性、雾雨入渗规律的模糊性以及入渗后坡体内渗流场的不确定性和动态性，决定了雾雨作用下滑坡稳定性评价以及演化趋势预测的不确定性，故对雨雾作用下坡体稳定状况进行敏感性分析很有必要。

附 录 D
（资料性附录）
水库塌岸预测方法

D.1 基本规定

D.1.1 水库塌岸预测可在对库岸分区、分段基础上，选择塌岸预测剖面，预测水库蓄水过程中和蓄水后水库塌岸的发展过程及最终宽度，确定塌岸范围，并对其危害性进行评价。

D.1.2 塌岸预测宜采用工程地质类比法、图解法或计算法，必要时可采用多种方法的成果综合分析确定。

D.1.3 图解法常用的预测方法有类比图解法、卡丘金预测法、佐洛塔廖夫预测法、两段预测法、库岸结构预测法、动力预测法、平衡剖面法。

D.1.4 塌岸宽度的预测可分为短期预测和长期预测。短期预测宜根据岸坡形态、土体强度、耐崩解性能、风浪和船浪的强度等因素，选择水库初次蓄水后 2 a～3 a 作为预测阶段；长期预测为水库蓄水达到正常蓄水位与死水位之间变化形成的最终塌岸宽度，应考虑蓄水后的淤积影响。

D.1.5 对于汛期大流速洪水侧蚀冲刷引起的塌岸问题，应进行专门调查，分析汛后岸坡的稳定性，预测稳定岸坡位置。

D.2 塌岸模式

D.2.1 水库岸坡类型可按岩土体类型可分为岩质岸坡、土质岸坡和岩土混合岸坡。

D.2.2 水库塌岸可按破坏模式分为侵蚀剥蚀型塌岸、坍塌型塌岸和滑移型塌岸三种类型。塌岸破坏模式分类按表 D.1 确定。

表 D.1 塌岸按破坏模式分类表

塌岸类型	基本特征
侵蚀剥蚀型	在水的侵蚀、浪蚀作用下，岸坡逐渐后退。一般发生在岩质岸坡强风化带或地形坡度较缓的土质岸坡。变化缓慢
坍塌型	岸坡在水的作用下，基座软化或掏蚀，土体或被卸荷裂隙分割的岩体向河（库）坍塌。一般发生在地形坡度较陡的土质岸坡或基岩卸荷带岸坡，具突发性
滑移型	在水流作用下，岩土体沿软弱面（带）向河（库）整体滑移。往往规模大、位移大、危害大

D.2.3 塌岸破坏的形式主要有三种，即侵蚀剥蚀型、坍塌型和滑移型及波浪冲蚀型。塌落开始后常出现浪蚀龛和水下浅滩，逐渐发展至水下水上岸坡稳定为止。

D.3 塌岸预测方法

D.3.1 短期预报应以水库初次蓄水后的 2 a～3 a 内为限。

a) 均质状黄土塌岸:起点可从原河道最高洪水位起算,图 D.1、图 D.2 为计算模型图。取蓄水初期的最高水位,按式(D.1)计算蓄水初期塌岸宽度。

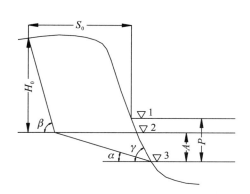

图 D.1 岸坡前坡较陡时短期预测图
1.正常高水位;2.蓄水初期高水位;3.原河道最高洪水位

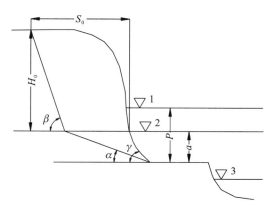

图 D.2 岸前有一级阶地或河漫滩时的短期预测图
1.正常高水位;2.蓄水初期高水位;3.原河道最高洪水位

$$S_0 = A \cdot \cot\alpha + H_0 \cdot \cot\beta - P \cdot \cot\gamma \quad \cdots\cdots\cdots\cdots\cdots\cdots (D.1)$$

式中:
S_0——蓄水初期塌岸宽度,单位为米(m);
A——蓄水初期最高水位与原河道最高洪水位的差值,单位为米(m);
P——正常高水位与原河道最高洪水位的差值,单位为米(m);
H_0——蓄水初期最高水位以上的岸高,单位为米(m);
α——动水位作用下的水下岸坡角,单位为度(°),按表 D.2 确定;
β——预测岸坡水上部分的稳定坡角,单位为度(°),按表 D.3 确定;
γ——原始岸坡坡角,单位为度(°)。

表 D.2 不同岩性水下稳定坡角参考值

岩性	$\alpha/(°)$	岩性	$\alpha/(°)$
坚硬黏土、粉土	60~80	砂土	6~20
黄土状粉土	8~22	砂砾土	14~26
黄土状粉砂土	8~22	胶结的砂、砂砾	60~80

表 D.3 岸坡水上稳定坡角

岸坡岩性	$\beta/(°)$	岸坡岩性	$\beta/(°)$
黏土	5~30	含漂石的粉土	35~45
黄土	20~38	粗砂	38~45
粉土	25~48	细砾石	>45
细砂	30~35	卵石	>45
中砂	30~40		

如果岸前有一级阶地或河漫滩,且阶地或河漫滩高于原河道最高洪水位而低于水库蓄水初期最高洪水位时,则以阶地或河漫滩的后缘高程代替原河道最高洪水位值,作为坍岸起算点。坍岸宽度按式(D.2)计算。

$$S_0 = a \cdot \cot\alpha + H_0 \cdot \cot\beta - P \cdot \cot\gamma \qquad (D.2)$$

式中:
a——一级阶地或河漫滩后缘高程至蓄水初期最高水位的差值,单位为米(m);
P——一级阶地或河漫滩后缘高程至正常高水位的差值,单位为米(m)。

b) 非均质库岸首先绘出塌岸预测的地质剖面,并注明其原河边最高洪水位、蓄水初期最高水位及正常高水位;其次在原河道最高洪水位及蓄水初期最高水位变化幅度内,根据岩土体的物理力学指标及水理性质,找出可能产生塌岸的岩层作为塌岸起点e,由e点绘出各层在动水作用下的水下坡角ρ_1、ρ_2……ρ_n,最后交于f;由f点按不同岩性绘出水上坡角β_1、β_2……β_n,最后交地面于g点,则蓄水初期塌岸宽度S_0可按图D.3计算。

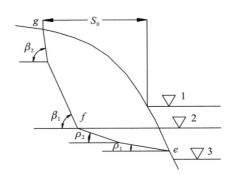

图 D.3 非均质松散层短期预测图
1. 正常高水位;2. 蓄水初期高水位;3. 原河道最高洪水位

D.3.2 长期预测为水库蓄水达到正常蓄水位与死水位之间变化形成的最终塌岸宽度。

D.3.2.1 卡丘金法

卡丘金法适用于松散沉积层,如黄土、砂土、砂壤土、黏性土岸坡,并且波浪较小的水库。可按式(D.3)预测均质库岸最终宽度,图D.4为计算模型。

$$S_t = N[(A + h_p + h_B)\cot\alpha + (H - h_B)\cot\beta - (A + h_p)\cot\gamma] \qquad (D.3)$$

式中:
S_t——塌岸带最终宽度,单位为米(m);
N——与土的颗粒大小有关的系数(黏土为1.0,壤土为0.8,黄土为0.6,砂土为0.5,多种土质岸坡应取加权平均值);
A——库水位变化幅度,单位为米(m);
h_p——波浪冲刷深度,单位为米(m),约为1~2倍波高,中小型水库波高一般采用0.5 m~1.5 m;
h_B——浪击高度或浪爬高,单位为米(m),大体为0.1~0.8倍波高,对细粒土,取小值,对粗粒土,取大值;
H——正常蓄水位以上岸坡高度,单位为米(m);
α——浅滩冲刷后水下稳定坡角,单位为度(°),可查图D.5;
β——岸坡水上稳定坡角,单位为度(°),可查表D.4;
γ——原始岸坡坡角,单位为度(°)。

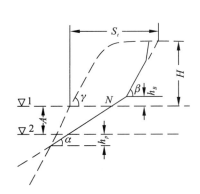 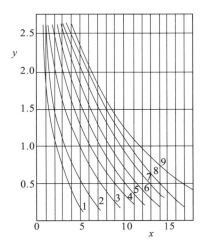

图 D.4 均质陡岸的塌岸宽度预测图

1. 正常高水位；2. 消落水位

图 D.5 波高与各种土的浅滩坡角 α 的关系

1. 黏土；2. 黄土；3. 壤土；4. 细砂；5. 中砂；6. 含漂砾的壤土；7. 粗砂；8. 细砾石；9. 卵石；x. 浅滩总坡度(°)；y. 波浪高度(m)

表 D.4 岸坡水上稳定坡脚 β 值表

岸坡岩层	$\beta/(°)$
黏土	5～30
黄土	20～38
壤土	25～48
细砂	30～35
中砂	30～40
含漂砾的壤土	35～45
粗砂	38～45
砾石	>45
卵石	>45

D.3.2.2 佐洛塔廖夫法

佐洛塔廖夫法适用于具有非均一地层结构的岸坡，以及主要由黏土质的、较坚硬和半坚硬岩土组成的高岸水库边坡。计算模型可按图 D.6 确定。

预测步骤如下：

a) 绘制预测岸坡的地质剖面。
b) 标出水库正常高水位线与水库最低水位线。
c) 从正常高水位向上标出波浪爬升高度线，高度(h_b)之值取为一个波高。
d) 由最低水位向下，标出波浪影响深度线，影响深度(h_p)黏性土取 1/3 浪波长，砂土取 1/4 波浪长。
e) 波浪影响深度线上选取 a 点，使其堆积系数(k_a)达到预定值。堆积系数 $k_a = F_1/F_2$（F_1 为堆积浅滩体积，F_2 为水上边坡被冲去部分的体积）。

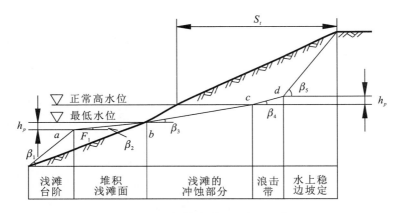

图 D.6 佐洛塔廖夫预测法示意图

f) 由 a 点向下,根据浅滩堆积物绘出外陡坡线使之与原斜坡相交,其稳定坡度 β_1,粉细砂土和黏土采用 $10°\sim20°$,卵石层和粗砂采用 $18°\sim20°$;由 a 点向上绘出堆积浅滩坡的坡面线,与原斜坡线相交于 b 点;其稳定坡度 β_2,细粒砂土为 $1°\sim1.5°$,粗砂小砾石为 $3°\sim5°$。

g) 以 b 点作为冲蚀浅滩的坡面线,与正常高水位线相交于 c 点,坡角为 β_3。

h) 由 c 点作冲蚀爬升带的坡面线,与波浪爬升高度水位线相交于 d 点。其稳定坡脚 β_4。β_3、β_4 及 k_a 可按表 D.5 确定。

i) 绘制水稳定坡,依自然坡脚确定。

j) 检验堆积系数与预定值是否相符,如不相符,则向左或右移动 a 点并按上述步骤重新作图,直至合适为止。

表 D.5 β_3、β_4、k_a 值表

岩层名称	β_3	β_4	k_a	岩层泡软速度
粉砂、细砂、砂壤土、淤泥质壤土	$40'\sim1°$	$3°$	$5\%\sim20\%$根据颗粒组成而定	快,几分钟内
小卵石类粗砂,碎石土	$6°\sim8°$	$16°\sim18°$	30%以下	
黄土质壤土	$1°\sim1°30'$	$4°$	冲蚀的	相当快,10 min~30 min 内
松散的壤土	$1°\sim2°$	$4°$	冲蚀的	1 h~2 h 内,水中分解
下白垩统黏土	$2°\sim3°$	$6°$	$10\%\sim20\%$	不能泡软,在土样棱角上膨胀破坏
上白垩统泥灰岩,蛋白岩(极软岩),有裂缝	$3°\sim5°$	$10°$	$10\%\sim30\%$	不能泡软
黏土,质极密,含钙质	$2°\sim3°$	$5°$	冲蚀的	一个月内不能泡软
黏土、黑色、深灰色,质密成层	$2°$	$6°$	冲蚀的	一个月内不能泡软
有节理的泥灰岩。石灰质黏土,密实的砂,松散砂岩	$2°\sim4°$	$10°$	$10\%\sim15\%$	一个月内不能泡软
黄土和黄土质土	$1°\sim1°30'$	—	—	很快,全部分解

注:表列 β_3、β_4 值符合于波浪高为 2 m 的情况,在库尾区因波浪高较小,可按表列数值增加 1.5 倍。